改變世界的

植物採集史

The Plant
Hunter's Atlas:
A World Tour of
Botanical Adventures,
Chance Discoveries and
Strange Specimens

安博菈·愛德華茲
Ambra Edwards 著 楊詠翔 譯

18～20世紀的植物獵人如何踏遍全球角落，
為文明帝國注入新風貌

The
Plant
Hunter's
Atlas

A WORLD TOUR OF BOTANICAL
ADVENTURES, CHANCE DISCOVERIES
AND STRANGE SPECIMENS

AMBRA EDWARDS

目錄

● 澳洲及太平洋

1 紐西蘭麻，紐西蘭
2 鋸齒班克樹，澳洲新南威爾斯
3 澳洲毬蘭，澳洲昆士蘭
4 瓦勒邁杉，澳洲新南威爾斯
5 柯提斯彩穗木，澳洲塔斯馬尼亞
6 麵包樹，法屬波里尼西亞大溪地
7 大王花，印尼蘇門答臘
8 馬來王豬籠草，婆羅洲沙巴

● 亞洲

1 銀杏，日本
2 繡球花，日本
3 紫藤，中國
4 茶樹，中國
5 瓔珞木，緬甸
6 杜鵑花，印度錫金
7 珙桐，中國
8 華麗龍膽，中國雲南
9 喜馬拉雅藍罌粟，西藏
10 大花黃牡丹，西藏
11 蓮草，台灣
12 蘆山淫羊藿，中國四川

● 歐洲及地中海

1 番紅花，希臘
2 鬱金香，土耳其
3 香豌豆，義大利西西里島
4 黎巴嫩雪松，黎巴嫩及敘利亞
5 小麥，俄羅斯列寧格勒

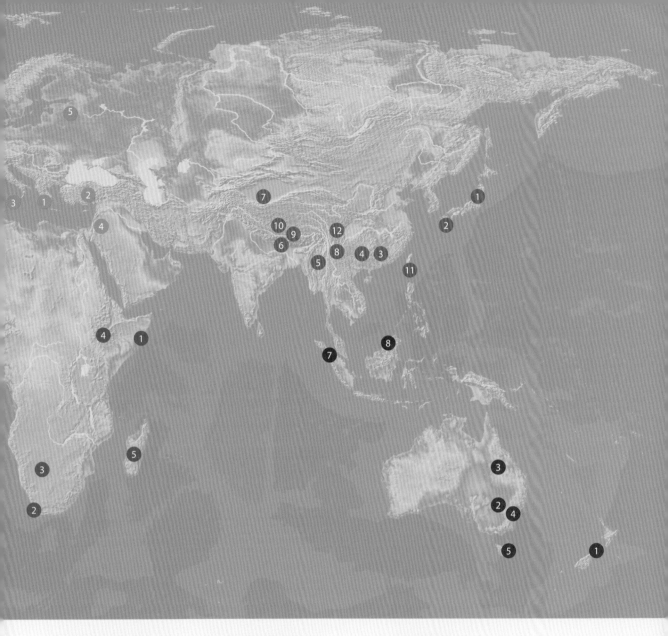

● 非洲及馬達加斯加

1 乳香樹，索馬利亞
2 魔星花，南非
3 石頭玉，南非
4 咖啡，衣索比亞
5 鳳凰木，馬達加斯加
6 林梭尼樹，幾內亞

● 北美洲及墨西哥

1 大理花，墨西哥
2 北美鵝掌楸，美國維吉尼亞州
3 洋玉蘭，美國卡羅萊納州
4 花旗松，加拿大英屬哥倫比亞
5 巨杉，美國加州

● 南美洲

1 紅蝴蝶，蘇利南
2 金雞納，厄瓜多
3 巴西栗，哥倫比亞
4 九重葛，巴西里約熱內盧
5 智利南洋杉，智利
6 亞馬遜王蓮，蓋亞那
7 赫蕉，巴西里約熱內盧
8 布袋蘭，巴西

前言

我們都曾是在荒野中尋找植物的植物獵人，直到我們學會種植，植物便在人類的定居生活中，獲得了新的地位，像是用於醫藥或是成為家中的休閒娛樂。從遠古時代開始，就有一群人擁有淵博的植物知識，知道要去哪裡尋找植物，也瞭解植物的特性，這些人通常稱為醫者或智女，但到了現代的工業化社會，這種知識已經失傳，植物也淪為商品。

然而，在和大自然比較親近的文化，像是熱帶雨林和芬蘭拉普蘭（Lapland）的大雪中，原始的植物知識仍未凋零。這類文化相當重視植物，將其視為有用的工具、治療的媒介或是通往靈性領域的途徑，能夠提供此時此刻的日常生活無法獲得的洞見。耐人尋味的是，現今採集植物這個行為似乎又回到原點，大家又再度開始學習尊重古老的植物知識，植物學家分秒必爭，趁植物被傲慢、無知、不懂得珍惜的工業力量從地球上抹去之前，努力尋找「未知的未知」，也就是科學上尚未發現的植物特性，包括醫療及生技上的用途。

現今西方所謂的植物採集，源自文藝復興時期，但是植物當然早在這之前就已透過士兵和水手、商人和旅客、朝聖者和難民，在世界各地流動。人類最早的植物獵人故事，是偉大的法老從他征服的土地引進樹木、亞歷山大大帝的軍隊帶著白楊樹回到家鄉、成吉思汗剽悍的軍隊在鐵蹄所經之處種植柳樹和蘋果。除了香料和草藥，種子和球莖也是西元前2世紀~西元15世紀地中海和中國之間繁榮的絲路上，極為珍貴的商品。隨著君士坦丁堡在1453年陷落，歐洲商人也開始尋找海上航線，以取得西方朝思暮想的絲綢和香料；到了大航海時代，突飛猛進的航海技術，在舊世界和新世界之間建立了新的貿易路線，包括印度、中國、遠東地區，也為植物的流動提供了新的管道。

差不多在同一時間，歐洲學者也

1817年，德國植物學家卡爾‧佛德里希‧菲利浦‧馮‧馬齊烏斯（Karl Friedrich Philipp von Martius）前往巴西亞馬遜雨林展開一場三年遠征，這幅插圖來自他的《棕櫚自然史》（*Historia Naturalis Palmarum*），描繪他採集鯨尾棕櫚（*Chamaedorea linearis*）的過程。

位於義大利帕多瓦（Padua）的植物園，建於1545年，
供醫學系學生教學使用。中央的四個長方形區域，
存有來自當時四座已知大陸的植物標本，即歐洲、非洲、亞洲、美洲。

開始重新發現古希臘及古羅馬典籍，其中便包含亞里斯多德和泰奧弗拉斯特（Theophrastus）的著作。有超過1,200年的時間，植物都只以其實用功能受到重視，泰奧弗拉斯特的《植物史》（Enquiry into Plants）則提供了一種截然不同的觀點，即專門研究植物本身，因此可說是現代植物學的濫觴。文藝復興激發了瞭解自然的強烈渴望，人們想要研究、紀錄、分類自然界中的所有事物；學者成為收藏家，不僅隨著印刷技術進步，逐漸累積精巧的草藥知識，也蒐集了大量的植物標本。

到了1540年代，第一批為新知識而生的大學，在義大利各個城市如雨後春筍般出現，這些大學都設有植物園，用來訓練醫學生，不過這絕對不是西方最早的植物園。植物研究在7世紀~13世紀的伊斯蘭黃金時代便十分興盛，連帶使得西班牙哥多華（Cordoba）和托雷多（Toledo）出現重要的教學植物園，不過義大利中部的薩勒諾（Salerno）早在9世紀便已擁有著名的醫學院，法國蒙皮立（Montpellier）的醫學院則在12世紀設立，這兩所醫學院很大一部分都是依靠阿拉伯知識所建。

而義大利比薩、帕多瓦、波隆那新設立的植物園，以及其他的歐洲後繼者，則是使植物學逐漸從醫學的附庸蛻變為獨立的學科。1590年荷蘭萊頓（Leiden）的植物園設立時，裡面不僅囊括藥草，也包含經濟作物和觀賞用植物，其中許多都是由荷屬東印度公司的商人購自遙遠的國度。學生學習的不只是活體植物，也包括保存在標本館中的乾燥標本，而植物學相關書籍的重點，也從醫學手冊逐漸轉變為描述生長在特定地區的植物。

在這段知識蓬勃發展的期間，不列顛仍是西北歐洲邊緣不重要的島嶼，是倒數幾個接觸到文藝復興時期這股人文風潮的國家，但是在下個世紀，文化和貿易重鎮就會從地中海轉移到西歐的海權國家。隨著海上貿易路線橫跨大西洋，經過南非的好望角，來到印度和太平洋，先是西班牙和葡萄牙，再來是荷蘭、法國、英國，都成為富甲一方的大國。

17世紀~18世紀是殖民主義快速擴張的時代，世界有越來越多地方的經濟，都受到少數幾個積極擴張的帝國主義歐洲國家控制；到了1900年，曾經落後的不列顛群島已擁有世界最強盛的海軍，並成為世界最廣袤的帝國，首都倫敦也是世界最大的城市。工業革命的出現，使科技發達的國家和世界其他地方，拉開了極大的經濟差距，此後都未曾改變。本書大部分

的植物獵人故事，便是發生在這個政治、經濟、文化、科技各方面快速發展的時代，因此瞭解這段時間的歷史脈絡非常重要。

近年出現大量針對西方科技及文化機構的批評，多著重於其傲慢的歐洲中心主義和殖民主義為歷史帶來的影響。植物獵人的行為遭貶為和偷竊無異，應該改叫「植物強盜」，而新的國際條約，像是《生物多樣性公約》（Convention on Biological Diversity）及《瀕臨絕種野生動植物國際貿易公約》（Convention on International Trade in Endangered Species of Wild Fauna and Flora，簡稱CITES）也已妥善設立，以確保植物的原生國家能夠獲得其帶來的所有經濟利益。但是我們不能改寫歷史，植物獵人宛如一道歷史明鏡，以令人不適的精準，反映出歷史上的各式經濟、政治、知識、宗教潮流；植物從殖民地和遭到剝削的土地流入歐洲、跟著佛教傳入日本、迫使胡格諾教派（Huguenot）逃離法國、清教徒飄洋過海前往美國。植物點燃了19世紀的飢荒爭論，今日則象徵我們最為迫切的全球議題，也就是氣候變遷。

植物獵人的歷史無可避免要從歐洲的角度述說，因為植物研究的重鎮都在歐洲，包括倫敦、烏普薩拉、萊頓、巴黎，而且歐洲也有足夠的資金，能夠贊助漫長的遠征任務和記錄旅途發現的昂貴書籍及繪畫，並支持一個擁有閒暇時間研究植物的知識階層。即便如此，這筆財富有很大一部分來自奴隸販賣，仍是令人厭惡且無從反駁的事實。根據估計，約有1,200萬名非洲人遭脅迫橫渡大西洋，到殖民地的糖廠及棉花園工作，而在印度次大陸，簽約的勞工系統也等同於奴隸制度。科學可能從中受益，卻要花費慘無人道的人力成本。

最早的植物收藏家中有些是傳教士，例如耶穌會傳教士利瑪竇，他在1601年成為第一個獲准進入中國紫禁城的歐洲人。到了1670年代，倫敦主教亨利‧康普敦（Henry Compton）也在花園中塞滿美洲的異國植物，這些植物來自他手下的神職人員，他交待他們務必要用對待靈魂的態度來保護這些植物。

外交官和商人也是常見的植物來源，包括英屬東印度公司和荷屬東印度公司的職員，這兩間公司是能夠和今日的跨國科技公司匹敵的全球企業，幾乎壟斷了歐洲對東方的貿易。他們也設立了植物園，以便儲藏和運送具有潛在經濟價值的作物，如茶葉、橡膠、香料、糖。隨著越來越多殖民地的建立，行政長官在帝國邊陲

的基地也透過研究植物來消磨孤獨的時光，並為想要到這些地方探險的植物獵人鋪路。用現代的眼光來看，他們對殖民計畫的信念似乎有些傲慢，但仍然可以說是立意良善，有許多人都真的相信他們是在做好事，因為他們把文明的火炬帶給身處黑暗的化外之民。

本書介紹的某些植物獵人，相當尊敬在他們前往的土地上生活的人們，也樂於和他們學習，包括著名的女性探險家瑪麗亞·西碧拉·梅里安（Maria Sibylla Merian）及瑪麗亞·葛拉罕（Maria Graham），還有其他男性像是大衛·道格拉斯（David Douglas）、威廉·薄伽爾（William Burchell）、韓爾禮（Augustine Henry）、E·H·威爾森（E. H. Wilson）及喬治·佛瑞斯特（George Forrest）。也有不少人依靠當地的採集團隊，像是奈森尼爾·瓦立克（Nathaniel Wallich）、喬治·佛瑞斯特、喬治·雪里夫（George Sherriff）及法蘭克·路德洛（Frank Ludlow）的探險隊，但當地人的貢獻大多遭到抹煞，只有雪里夫和路德洛特別提及，有些人也和當地人建立了維持多年的深厚情誼。

不過其他人，例如喬瑟夫·道爾頓·胡克（Joseph Dalton Hooker）則是將原住民視為無可改變的「他者」，並認為自己天生就比較優越。不過在19世紀的英國，這種想法很可能非常普遍，而且胡克也可能把法國人看成和中國人或雷布查人（Lepcha）相同，並以類似的態度對待自己國家的鄉下人，將他們當成「次等」族群。因為當時大英帝國派出海外的年輕人，大部分都是出身公學，他們來自特權階級的膨脹自信，到今天都未曾改變。值得注意的是，英國皇家植物園（Royal Botanic Gardens, Kew）的首任顧問喬瑟夫·班克斯（Joseph Banks）爵士，就相信教育程度更高、更謙虛的蘇格蘭人，會是比較好的植物獵人，歷史紀錄也顯示他的看法無誤。

植物獵人採集植物的原因百百種，有些人是為了促進科學發展，有些人則是出於商業考量，想要找到具備經濟價值的植物，為帝國帶來貢獻，或是尋找有觀賞價值的植物，來供應蓬勃發展的園藝市場，像是英國的維奇溫室（Veitch）從1840年就開始雇用植物獵人，直到1904年為止。

為了進行科學研究，製作壓平的乾燥標本可說是必經之路。標本能夠用來記錄植物的特性，葉片、莖、根、果實、花等部位旁邊附上標籤，標明採集的時間、地點、生長環境、

以及其他有用的資訊，例如海拔等。每個新的物種都需要一個「模式標本」，以便在初次發現植物時可以當成描述特徵的依據，並供後續的發現對照，有時候如果植物無法保存，精準描繪的植物插圖也可以取代模式標本的功能。例如由印度藝術家描繪的美麗插圖，就成為英屬東印度公司加爾各答植物園的園長奈森尼爾・瓦立克，發現的許多物種的模式標本。雖然現今數位攝影已成為植物採集不可或缺的工具，植物學家仍然會持續製作標本，特別是要為DNA定序提供素材時，將會非常有用。

製作標本並不是一件容易的事，從兩名在潮濕熱帶地區工作的植物獵人，艾米・邦普蘭（Aimé Bonpland）和瑪麗亞・葛拉罕的慘痛教訓便能得知：邦普蘭在小小的帳篷中用煙烘乾標本，煙非常嗆，根本是在醃自己；葛拉罕則是乾脆直接放棄改用畫的。要把活體植物運回家鄉更是難上加難，種子要存放在沙子、土壤、苔蘚中，或泡在蠟裡跟水裡。史上第一批抵達歐洲的杜鵑花種子，是由奈森尼爾・瓦立克從加爾各答寄回，當時保存在裝滿黑糖的罐子裡。運送整株植物更是不可能的任務，一趟從遠東地區出發的航程，可能耗時長達6個月，隨著船隻經過不同的氣候帶，也沒有什麼植物能夠撐過劇烈的溫度變化，這還沒加上狂風和鹹鹹海浪的拷打、老鼠、蟑螂及其他船上動物的突擊，特別是猴子最為討厭。水手則可能漠不關心，也可能抱持徹頭徹尾的敵意，不願把珍貴的淡水浪費在「沒用」的貨品上。堆在船艉樓甲板的植物，還可能會讓船隻在驚濤駭浪中翻船，因此如果遭遇任何危險，絕對會是第一個被扔下船的東西。

1819年，根據為東印度公司在澳門工作的約翰・李文斯頓（John Livingstone）醫生估計，只有千分之一的植物能夠熬過通往歐洲的航程，使其運費可能達到原價的75%，超過300英鎊。因此他在寫給倫敦園藝學會（Horticultural Society of London）的信中建議，聘請專業的園丁在航程中照料植物可說非常划算，但是永遠都這麼一毛不拔的學會，當然對他的建議置之不理。

不過李文斯頓的想法，仍促使他的助理秘書約翰・林德利（John Lindley），在5年後出版了一本令人望而生畏、非常齊全的建議小冊，名為《異國活體植物打包守則，特別是在熱帶地區，暨返回歐洲航程的植物照料指南》（Instructions for Packing Living Plants in Foreign Countries,

園藝家正將植物裝進華德箱準備運輸。
英國皇家植物園收藏，約1940年~1950年。

Especially within the Tropics; and Directions for Their Treatment during the Voyage to Europe），其中便包含了由模里西斯（Mauritius）總督羅伯‧法奎爾（Robert Farquhar）設計的玻璃箱。李文斯頓的友人約翰‧李維（John Reeves）和奈森尼爾‧瓦立克，後來也成功運用擁有半透明外層的類似箱子運送植物。但植物運輸的問題，仍是要一直到1829年，才終於由倫敦的醫生、業餘昆蟲學家暨蕨類植物狂熱愛好者——奈森尼爾‧巴格蕭‧華德（Nathaniel Bagshaw Ward）解決。

華德醫生先在密閉的玻璃瓶底部鋪上土壤，再放進蛾蛹，之後耐心等待孵化。雖然最後沒有成功，他還是觀察到來自土壤的濕氣會在白天蒸發，凝結在玻璃瓶上，晚上再滴回土中，創造出一個封閉的生態系統。後來土壤中長出的一小株蕨類和幾撮嫩芽，竟然能在沒有水的情況下存活整整3年，這不僅讓華德在無意間發現能在倫敦被煤炭薰黑的空氣中種植蕨類的簡便方法，同時也是一個能讓植物存活數個月之久的系統，不過當時並沒有受到太多重視就是了。

1833年，為了測試他的理論，華德從洛蒂吉斯家族（Loddiges）的溫室運了兩大箱植物到雪梨，植物送抵時狀況十分良好。接著同樣的箱子又裝了一些特別嬌生慣養的蕨類，在經過8個月的航程，沒有澆過一次水、氣溫從-7℃~49℃的劇烈變化，運抵幾乎結冰的倫敦時，洛蒂吉斯的人打開一看，只有一句「真是非常健康」。

喬瑟夫‧道爾頓‧胡克是第一個嘗試這種新科技的植物獵人，他成功從紐西蘭運回活體植物，羅伯‧福鈞（Robert Foutune）則是在1848年~1849年用「華德箱」從中國運了20,000株「安全又健康」的茶樹到印度而聲名大噪。華德箱很快就成為在世界各地運輸各種植物的標準配備，並對全球貿易帶來巨大影響，因為現在能夠直接透過從原生地運送植物。當然有些人會說這是偷竊，運送經濟地位非常重要的植物，並引進其他國家種植來打破農業壟斷，例如從南美引進橡膠和金雞納樹到遠東地區。

華德箱也為園藝帶來重大影響，因為各式各樣來自亞洲的植物，孕育了各種全新的庭園風格。話雖如此，不少園藝設計師張開雙臂擁抱的植物，其實在科學上早就已經被發現，甚至已經過命名並出現在科學文獻中。但是對像威爾森這樣的植物獵人來說，他們現在終於能夠引進活體植物種植，這可是頭一遭，畢竟發現的日期和引進的日期總是有天壤之別。

今日，只剩少數幾名勇者持續為我們的花園尋找新植物。針對活體植物採集的嚴格限制，代表大部分的現代植物獵人，不是只為了拍出精彩照片的生態遊客，就是投身保育的科學家。在許多層面上來說，他們都比較輕鬆，因為現在抵達目的地不用花上好幾個月，只要幾天就能到。早期的植物獵人盲目踏上未經探索的領域，而現在人人都有Google Earth和GPS的幫助，還有高科技的靴子和輕便的防水服裝，前人則是穿著粗花呢衣遠征喜馬拉雅。

但是，只要讀讀現代植物獵人的部落格，就會發現他們遭遇的困境與苦難，都還是跟以前一樣——下雨、大霧、水蛭、數不清的煩人昆蟲、曬傷的耳朵、凍僵的腳指、因為高山症快要裂開的頭顱、過不去的路、爬不上的樹、太早或太晚抵達以至無法採集種子……如同美國著名的植物獵人丹尼爾·辛克利（Daniel Hinkley）回憶2014年他身上沒有一處是乾燥的那2週時光時所說：「這個過程中有數不清的時間都很值得也很享受，但也有一些時間只有值得，沒有享受。」20世紀初的植物獵人法蘭克·金頓·華德（Frank Kingdon Ward）則是將植物獵人的命運形容為大部分時間都很冗長，但偶爾出現的那幾秒喜悅，就能讓整個過程的痛苦和無聊都值得。

那為什麼還會有人要成為植物獵人呢？

對某些人來說，像是瑪麗亞·西碧拉·梅里安或約翰·巴特蘭（John Bartram），植物的美妙與神秘便是崇高造物主存在的證據；對其他人來說，例如喬瑟夫·班克斯、亞歷山大·馮·洪堡德（Alexander von Humboldt）、查爾斯·達爾文，則是為了尋找自然界中的新知識。威爾森拜倒在中國的石榴裙下、喬治·佛瑞斯特和喜馬拉雅墜入愛河，大衛·道格拉斯跟其他幾個人則是純粹熱愛冒險。有些人在偶然間成為植物獵人，雖然從此離開照料溫室的平靜工作，但沒什麼人願意再回到平凡的生活。

最後這句話來自法蘭克·金頓·華德1924年的著作《從中國到坎底》（From China to Hkamti Long）：

「植物獵人的工作便是要揭露世界隱藏之美，讓其他人得以分享他的喜悅。」

澳洲及太平洋

15世紀~18世紀間，歐洲人的世界地圖上總會出現一座稱為「未知南方大陸」（Terra Australis Incognita）的廣袤大陸。古希臘時代的地理學家老早就知道地球是圓的，並發展出一種理論，認為南方必定存在一座大陸，如此才能平衡他們所知的赤道北方陸地質量。但在中世紀期間，教會堅持的地平說壓制了南方大陸的概念，直到15世紀~16世紀初的大航海時代到來，證實地球大致上是球體沒錯，廣袤南方大陸的概念才再次以不同形式陸續出現，每一趟新的發現之旅，都會使其位置偏移一點。

1768年，英國政府賦予詹姆士・庫克（James Cook）船長尋找南方大陸的重責大任，他發現的大陸後來便稱為澳洲，由英國航海家馬修・佛林德斯（Matthew Flinders）命名，他是第一個繞行這座大陸一周的人。對和庫克船長一起出航的科學家來說，

他們從這趟旅程帶回的植物和動物標本所擁有的神祕和驚奇，就如同20世紀從月球帶回來的岩石樣本。這批先驅包括著名的英國博物學家喬瑟夫・班克斯和瑞典植物學家丹尼爾・索蘭德（Daniel Solander），他們一開始採集植物是出於純粹的科學目的，然而，遇見這麼前所未見的植物，並看到原住民如何使用後，讓班克斯開始思索，引進這些植物或許可以幫助正在擴張的帝國。

這個想法帶來的影響非常深遠，在班克斯的推動下，英國人將會殖民澳洲，他本人也會獲得皇室許可，得以進行系統性的植物採集，進而創造了一種全新的探險家，也就是專業的植物獵人。隨著西歐的海權國家一一建立全球性的帝國，有更多驚奇的植物從大西洋遠渡重洋來到歐洲，其中就包含肉食性的植物，以及世界上最大的花朵。

紐西蘭麻
New Zealand flax

學名：*Phormium tenax*

植物獵人：喬瑟夫・班克斯

地點：紐西蘭

時間：1769年

實在是很難想像沙丁魚一樣擠在「奮勇號」（Endeavour）上的90名生還者，心裡有什麼感受，這是一艘僅有32公尺長的貨船，本來是用來運送惠特比（Whitby）的煤炭，後來卻改作他用。奮勇號在1769年7月13日從南太平洋的島嶼大溪地啟航，直直往南航行，進入一片從來無人涉足的廣闊大洋（至少沒有歐洲人去過）。這趟探險或許可以比喻為18世紀的火星探測計畫，身處浩瀚未知的一葉扁舟，肩負著一項只有傻瓜才覺得會成功的任務——尋找一座理論上存在的大陸「未知南方大陸」，而發現這座大陸的無畏國家，將會獲得前所未見的財富及榮耀。

這項任務相當機密，由贊助這次探險的英王喬治三世（George III）本人直接下令，在官方名義上，奮勇號的任務是在大溪地觀測6月3日的金星移動。根據發起這次遠征的皇家學會（Royal Society），這是「一個對天文學發展貢獻良多的現象，而航海非常仰賴天文學」。

選在大溪地進行觀測純屬偶然，兩年前第一艘「發現」大溪地的西方船隻，就在學會提出這項任務前不到一個月，剛剛帶著和這座天堂之島有關的大量傳說返回英國，但對其位置卻只有大略的描述。英國人能再次找到這座島嶼可說是航海奇蹟，是詹姆士・庫克上尉卓絕能力的鐵錚錚證明，他同時也是技術高超的天文學家暨製圖師，他繪製的大堡礁地圖一直到1950年代都還在使用。

還有更多奇蹟伴隨再度發現大溪

紐西蘭麻，威廉・傑克森・胡克（William Jackson Hooker）繪，
取自1832年的《柯蒂斯植物學雜誌》（*Curtis's Botanical Magazine*）

地的喜悅出現，前一年登島的法國探險家路易—安東‧德‧布甘維爾（Louis-Antoine de Bougainville，參見第266頁）將這座島稱為「烏托邦」；對班克斯來說，這座島則是「仙境最真實的描繪」。他還感嘆道，歐洲人每天都必需為了麵包辛勤勞動，快樂的大溪地人只要摘下四處生長的豐盛水果就好，大量的閒暇時間則是拿來衝浪和性交：「愛主宰了一切，是當地人最喜歡的事，也幾乎可說是他們唯一的奢侈。」

喬瑟夫‧班克斯是個了不起的青年，他靠著自身的財富，幫自己和一支科學團隊在奮勇號上買了船位。班克斯出身地主家庭，是能夠接受高等教育的第一代，但他比起上學，更喜歡在鄉間小路尋找野花。進了牛津大學後，他發現植物學教授根本不講課，於是便從劍橋大學找了個老師來牛津開課；這個故事顯示了他的能量、大膽、組織能力，將在之後為他帶來獨特又充滿影響力的精采一生。班克斯會在接下來兩個世代中，成為英國知名自然史節目旁白大衛‧艾登堡（David Attenborough）所謂的英國科學「偉人」。

班克斯的父親在1761年過世，使他在3年後滿21歲時，繼承了一筆龐大的遺產。不過比起和其他富二代一樣展開壯遊，班克斯選擇陪同一名伊頓公學的老友展開一場海上遠征，前往紐芬蘭和拉布拉多，並帶回大約340件植物的紀錄和標本，從此以博物學家的身分為人所知。1766年，班克斯在返鄉途中獲選為皇家學會的會員，後來還擔任會長長達42年。

1764年，班克斯結識了丹尼爾‧索蘭德，他師從瑞典知名植物學家林奈，林奈發明的物種分

〈紐西蘭瓦卡蒂普湖景〉（*View of Lake Wakatipe, New Zealand*），
瑪麗安娜・諾斯（Marianne North）繪於1880年，前景便可看見紐西蘭麻。

類系統二名法，為當時的科學發展帶來突破性的影響，而索蘭德正是他的接班人。在索蘭德的鼓勵下，班克斯本來想前往瑞典和林奈學習，但是一聽到這趟金星觀測遠征，他馬上就心意已決非去不可，索蘭德也隨即自願陪同。

只要班克斯自己出錢，庫克和英國海軍部其實沒什麼意見，所以在1768年8月25日，兩人在普利茅斯（Plymouth）登上奮勇號，還帶著一大批設備，包括「各種用來捕捉和保存昆蟲的機器、用來在珊瑚間釣魚的各種網子和鉤子……以及用來烘乾植物的設備」。同行的還有2名專門記錄這趟旅程發現的畫家（席尼・帕金森〔Sydney Parkinson〕負責博物學標本，亞利山大・巴肯〔Alexander Buchan〕則負責風景和人物）、1名秘書、4名僕人以及2頭巨大的灰狗，讓船上的貓、雞和一頭曾和「海豚號」環遊世界一周而聲名大噪的母山羊大驚失色。如同兩人的朋友約翰・艾利斯（John Ellis）寫給林奈的信中寫道：「在為了博物學出海的航程中，沒人能比他們的設備更齊全，也沒有人能比他們更優雅了。」艾利斯還認為這次出航大概花了班克斯10,000英鎊，約是當時船長年薪的10倍。

奮勇號朝西航行，途中停靠葡萄牙馬德拉群島（Maderia）、里約熱內盧（班克斯曾在此非法採集植物，因此無法上岸）和火地島（Tierra del Fuego），他的兩名同伴在此死於失溫，是這趟旅程第一次鬧出人命。

每次停泊都會進行標本採集、描繪、分類，而在登陸之間的漫長時光，船員則會捕捉海洋生物和獵捕海鳥來打發時間，留下紀錄後便成為盤中佳餚。1769年2月5日，他們打到了一隻信天翁，並用可口的醬汁作成燉肉，終於可以為乾糧和德國泡菜換點口味。

他們從大溪地啟航時，船長的艙房又再次成為圖書館、實驗室、畫室。10月3日，班克斯在日記中描述了這幅景象：「索蘭德博士在船艙的桌上畫畫，我在我的寫字台上寫日記，我們之間掛著一堆海草，桌上則放著木頭和藤壺……」4天後，經過7週的航行，他們看見了陸地，這就是從亞里斯多德時代以來，一直縈繞在歐洲想像中的那座傳說南方大陸嗎？

這個理論最早可追溯至西元150年，由亞歷山卓學派的數學家托勒密提出，他認為北半球的大陸一定是由南半球的超級大陸平衡。庫克接下來花了6個月的時間繞行陸地一圈，精密測量海岸線後，才確定他們發現的並非廣袤的大陸，而是我們現在稱為紐

地瓜，吉那維・納吉斯—歇紐（Geneviève Nangis-Regnault）繪，
取自F・歇紐（F. Regnault）1774年的《人人隨手可得的植物學》（*La Botanique Mise à la Portée de Tout le Monde*）。

喬瑟夫‧班克斯爵士的肖像畫，班傑明‧韋斯特（Benjamin West）繪，
圖中的班克斯穿著紐西蘭麻製成的斗篷。

西蘭的兩座島嶼。但班克斯並沒有放棄希望：「我全心全意相信南方大陸確實存在，但如果問我為什麼這麼相信，我必需承認我的理由很薄弱，我有先入為主的成見，認為這是真的，我卻很難提出理由。」

班克斯待在紐西蘭的第一天是他人生中最糟糕的一天，以幾名毛利人的死亡作結。他們頑強抵抗入侵者，不過接下來的數個月期間，他會被島上令人驚嘆的植物撫慰，並對這個好戰的民族產生深深的尊敬。他採集的400株植物包括12月開花的紐西蘭聖誕樹（*Metrosideros excelsa*）、充滿異國風情的紅色鸚嘴花（*Clianthus puniceus*）、多種蕨類和蘚苔類、紐西蘭角蘭花（起初命名為「*Orthocera solandri*」的紐西蘭角蘭花，現在稱為「*Orthoceras novae-zeelandiae*」）以及毛利人的主食地瓜（*Ipomoea batatas*），這種作物早在歐洲人到來之前，就已從南非和中非傳至波里尼西亞。

讓班克斯留下最深印象的植物，則是紐西蘭麻（*Phormium tenax*）。這種植物生長在沼澤中，是紐西蘭和諾福克島（Norfolk Island）原生種，毛利人用其製作各種織品，從止血的柔軟繃帶（因為紐西蘭麻含有凝血酶）、繩索，到西方前所未見的堅固網子；毛利人深諳按照不同目的選擇不同植物之道，像是製作籃子、捕魚用具、蓆子、鞋子、服飾等。1773年一幅著名的班克斯肖像，就描繪了他身穿這趟旅程帶回來的紐西蘭麻斗篷。

班克斯特別喜愛紐西蘭麻的延展性，讓他開始從新的角度思考植物學，不僅是為了純粹的科學目的，而是能夠造福大英帝國及其殖民地。他後來寫道：「如果能夠穩定供應紐西蘭麻，用來製作帆布和繩索，將是我們身為海上霸權的一大助益」，這也可以降低英國對俄羅斯麻布的依賴；班克斯甚至在1795年將紐西蘭麻當成禮物送給俄國，當成一種有禮的威脅，他也從此習於將植物當成外交手段。至於種植紐西蘭麻的理想地點，班克斯則建議在雪梨建立新的殖民地，他後來也因此在探索澳洲和殖民新南威爾斯上，扮演重要角色。

奮勇號在1770年3月31日動身返國時，庫克和班克斯還不知道，那塊謎樣的南方大陸，其實就在前方不到3週的航程處。

鋸齒班克樹
Saw banksia

學名：*Banksia serrata*

植物獵人：喬瑟夫・班克斯、
丹尼爾・索蘭德

地點：澳洲新南威爾斯

時間：1770年

　　喬瑟夫・班克斯並不是第一個在澳洲採集和研究植物的英國人，這項殊榮屬於一名特別博學的海盜——威廉・丹皮爾（William Dampier）。後者1699年時便在澳洲西部採集植物，班克斯也曾在他的日記中引用丹皮爾的見聞，而班克斯是第一個發現澳洲東岸的人。那天是1770年4月19日，他對眼前的風景興致缺缺，還將其比喻為「瘦弱的牛背」，不過班克斯登陸後，便發現這是一塊充滿奇異新植物的寶地。他採集了132株植物，種類多到甚至讓他把庫克稱為「魟魚灣」（Stingray Bay）的海灣重新命名為「植物灣」（Botany Bay）。

　　班克斯在5月3日寫道：「我們的植物收藏規模現在已經變得非常巨大，甚至必需特別照料，以免這些植物最後落得腐爛的下場。」他在海灘上花了一整天，忙著在陽光下曬乾植物標本，包括他新發現的鋸齒班克樹（*Banksia serrata*）和海岸班克樹（*Banksia integrifolia*），這是班克斯第一次遇見奇異的班克木屬，而這個屬最後也以他的名字命名。

　　班克木屬包含大約170種物種，從矮小的灌木叢到30公尺高的巨樹都有，幾乎都是澳洲特有種，屬於山龍眼（Protea）家族的一員，並且也和其非洲表親一樣，由喜愛花蜜的生物負責授粉。班克木鮮豔的紅花和黃花會吸引喜愛花蜜的鳥類，不過對許多班克木來說，比老鼠大不了多少的蜜袋貂，才是其主要授粉者。此外，班克木和山龍眼一樣，都生長在貧瘠的土

鋸齒班克樹，史黛拉・羅絲—克雷格（Stella Ross-Craig）繪，取自《柯蒂斯植物學雜誌》，1942年。

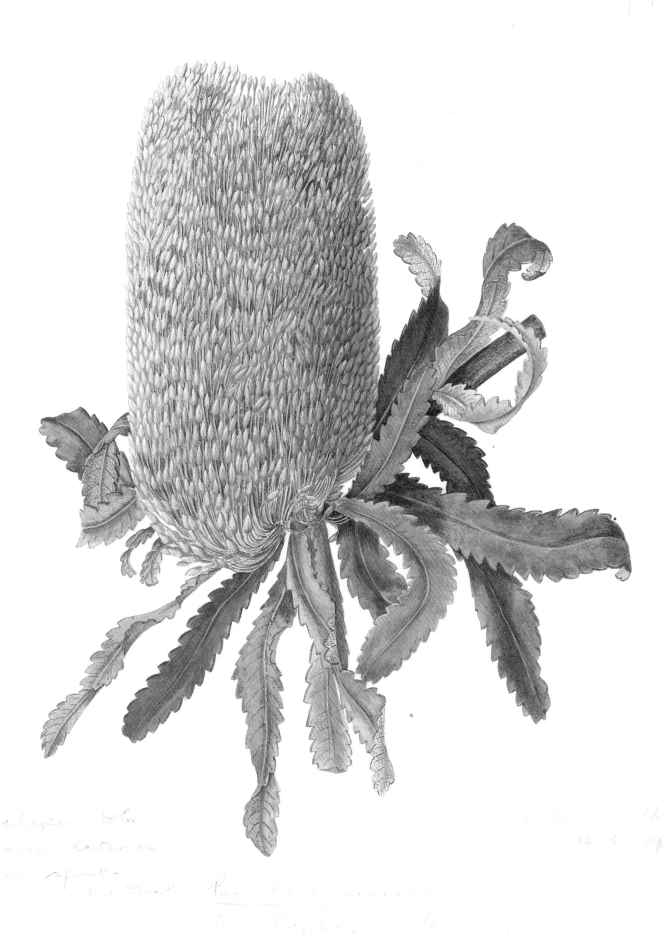

壤上，野火因此在其生命史中扮演重要角色。但不像許多南半球植物的繁殖都會出現延遲現象（serotiny），也就是種子只有在受到環境刺激（通常是野火，參見第239頁）時才會釋放，班克木的機制則更為靈巧聰穎，雖然一樣要先靠著野火讓毬果打開，但種子要等到火勢熄滅後才會釋放，如此便能提供完美的發芽環境。

庫克從植物灣啟航，往北測量海岸，渾然不覺他們很快就會遭受大堡礁的阻礙，當時西方航海家還不知道其存在。德·布甘維爾（參見第269頁）在兩年前曾從東邊接近大堡礁，聽見巨浪的聲響後便迅速掉頭，他寫道：「這是上帝之聲，我們只能遵從。」奮勇號往北航行了950公里，前方有一艘小船擔任嚮導，帶領他們跟蹌穿越這片致命的海域，直到6月11日，該來的還是來了，船隻終於觸礁，吃水線下破了個大洞，花了無數小時幫忙抽水的班克斯，確信自己就要死掉。

最後是個實習軍官救了所有人，他想出了一個看似不切實際的計畫──想辦法用船帆和老舊繩索作成的填絮纖維封住洞口。這招成功抵擋進水，時間足以讓奮勇號脫困，並顛顛簸簸安全航行至河口，這條河後來便稱為「奮勇河」。等待船身修復時，班克斯和索蘭德有整整6週的時間可以採集和研究植物，蒐集更多尤加利樹、銀樺、紅瓶刷樹、相思樹，他們還看見了人生中第一隻袋鼠，並把袋鼠給吃下肚。

雖然船員已盡可能修復船身，奮勇號仍需要更完善的修補才能啟航回鄉，因此他們別無選擇，只能先穿越充滿暗礁的險惡水域，暫時停靠在巴達維亞（今雅加達）。但巴達維亞也有自己的惡魔，原先「臉色紅潤、體態豐腴」的健康船員抵達當地後，很快就因骯髒的水源而感染瘧疾和痢疾，幾週內就有三分之一的船員死亡。班克斯原先的9人團隊，最後只有4人在1771年7月12日成功回到英國迪爾（Deal），包括2名僕人、索蘭德和班克斯本人，就連班克斯心愛的母灰狗「女士」（Lady）也沒能夠撐到回家。

即便在航程中因為船艙淹水而失去部分貨物，班克斯和索蘭德依舊帶回了數千張插畫和超過30,000件植物標本，結果便是發現110個新屬種和1,300個新物種。光是這一趟航程，他們就讓人類已知的植物總數增加了25%，因此馬上聲名大噪，並得到在皇家植物園晉見國王喬治三世的機會，植物園正是國王從他的植物收藏家母親奧古絲塔公主（Princess Augusta）繼承而來。

到了1773年，班克斯已將自己視為皇家植物園的顧問，並說服國王這座植物園除了為私人的休閒娛樂服務外，還有能力成為一座了不起的植物園，甚至是世界上最偉大的植物園。第一步便是國王可以用皇家植物園的名義，聘僱自己的植物獵人，而不是依賴外國的達官顯要或殖民地商賈，來充實植物園的收藏。

1772年，國王的第一位植物獵人法蘭西斯・馬森（Francis Masson）就奉令前往南非，後來還有數十位植物獵人陸續前往世界各地，包括安東・霍夫（Anton Hove）、喬治・凱利（George Caley）、彼得・古德（Peter Good）、大衛・尼爾森（David Nelson）、艾倫・康寧漢（Allan Cunningham）、詹姆斯・鮑伊（James Bowie）、威廉・柯爾（William Kerr）等人。班克斯本人則偏好找蘇格蘭人擔任植物獵人，因為他認為蘇格蘭人都比較節儉和勤勞，而且不會總覺得自己是紳士，只是把自己當成收錢辦事的僕人。這些植物獵人的任務不只有科學目的，也肩負尋找能夠幫助大英帝國擴張的植物之責，據說在班克斯的命令下，英國引進了將近7,000種新植物。

班克斯自己此後只再參加過一趟遠征，他原先計畫搭上庫克的「果敢號」（Resolution）進行第二趟環球旅程，還找了一大批人（雖然不知道為什麼裡面還有兩名法國喇叭手）。他堅持帶上的額外人等，使船隻安全產生疑慮，海軍部因此不願放行，班克斯本來還想強渡關山，但海軍部當然沒被他嚇住，果敢號順利啟航。班克斯只好被迫組織自己的遠征隊，因為當時大家都對火山非常著迷，他於是選擇冰島為目的地，但這趟遠征只持續了短短6週便結束。

從此以後班克斯便將精力放在皇家植物園和皇家學會上，1778年，年僅35歲的他獲選為皇家學會會長，並一直持續擔任到1820年他過世前幾天。有了這兩個機構任他指揮，班克斯餘生都孜孜不倦為科學進步犧牲奉獻，特別是在植物學和農業這兩個領域上，澳洲的羊毛產業、阿薩姆的茶葉產業、加勒比海的芒果產業都必需歸功於班克斯。

此外，班克斯位在蘇活廣場（Soho Square）的圖書室暨標本室，也成為國際植物學家聚會之處，即便是在戰時也未停歇。在班克斯的一生中，科學的地位都勝過政治，不管是在法國大革命、拿破崙戰爭或美國獨立戰爭期間，他都和科學同儕維持真摯的關係。失去美國殖民地，這個流

No. 10. RED HONEYSUCKLE (Banksia serrata, *Linn., f.*)

放罪犯、偏激分子、宗教異端的方便去處後，班克斯把腦筋動到澳洲新南威爾斯上，他同時也提議把植物灣當成流放罪犯的新地點。從此班克斯便和新殖民地的建立密不可分，和殖民地的前後任總督都持續保持通信，直至過世。

班克斯在皇家植物園和首席園藝家威廉・艾頓（William Aiton）戮力合作，拓展植物園的收藏，並於1789年出版《皇家植物園植物目錄》（*Hortus Kewensis*）一書。3大冊的書籍中記載了皇家植物園中的所有植物，至少有5,600種，包含來自北美的異國溫室植物和令人興奮的新樹木，以及能夠帶來經濟價值的各種作物。班克斯將皇家植物園視為「偉大的帝國植物交匯處」，位在全球植物園網路的中心，來自牙買加、加爾各答、錫蘭島的植物都將在此匯聚，而這很大一部分都要歸功於英屬東印度公司，其商人和水手以及越來越多的軍官、外交官、傳教士，都以國王之名為帝國作出貢獻。

有可能帶來經濟價值的植物，不管是水果、纖維、香料、藥物，或是要拿來供給工業革命新工廠的原料，都能夠在皇家植物園試驗，找出最有可能成功的植物後，再運往能夠發揮最大效益的殖民地。在當時那個全球貿易總值90%為植物產品的時代，包括木材、糖、茶葉、菸草等，在被征服的地區之間運輸植物並不算是一種「強盜行為」（這個概念一直到20世紀末才出現），而是一種愛國事業——能夠打擊飢荒、增加財富以及造福所有人類。

同一時間，皇家植物園和蓬勃發展的溫室產業，在觀賞用植物上也有密切的交流。鋸齒班克樹最初便是由班克斯的友人詹姆斯・李（James Lee）在漢默史密斯（Hammersmith）的「葡萄園溫室」（Vineyard Nursery）種植。這是第一種在英國本土栽種的澳洲植物，使用的是1788年從植物灣帶回來的種子；班克斯帶回來的種子大部分都不能種植，因為他有興趣的是科學而不是園藝。不過在1804年，他還是成為倫敦園藝學會的8名創始人之一，該學會在他死後轉而成為植物探險史中的一股重要勢力。

鋸齒班克樹，愛德華・敏臣（Edward Minchen）繪，
取自《新南威爾斯的開花植物及蕨類》（*The Flowering Plants and Ferns of New South Wales*），
J・H・梅登（J. H. Maiden）、W・S・坎貝爾（W. S. Campbell）著，1895年~1898年。
光是在雪梨地區，就有超過2,000種原生種，比整個英國加起來還多。

澳洲毬蘭
Wax flower

學名：*Hoya australis*

植物獵人：席尼・帕金森

地點：澳洲昆士蘭

時間：1770年

登上奮勇號的重要人士中，有不少最後客死異鄉，席尼・帕金森便是其中之一。他來自愛丁堡，是個才華洋溢的年輕畫家，班克斯雇用他來記錄自己發現的植物。帕金森因痢疾死於1771年1月26日，得年26歲，死後屍體以海葬安葬。

班克斯一開始是雇用帕金森來記錄他從拉不拉多帶回來的植物，他相當賞識帕金森畫作的精細程度及作畫速度，因此邀請他登上奮勇號。帕

金森在船上的任務，便是趁著標本還新鮮、尚未褪色時趕緊留下紀錄，而他的畫家同伴亞利山大・巴肯死於癲癇發作後，帕金森也接手了紀錄風景和人物的任務。帕金森在這趟旅程中共留下近千幅畫作，這個紀錄在單一旅程中無人能敵，似乎每天都有無盡的靈感產生，如大溪地的村莊、毛利人的刺青、絕妙的岩石構造、完全陌異的新植物、魚類、鳥類、其他動物等，帕金森甚至是史上第一個畫下袋鼠的歐洲人。

標本的數量非常多，累積的速度又非常快，因此帕金森常常只能先用鉛筆畫下素描，並在旁註記顏色，以便之後完成整幅畫作。他為在現今昆士蘭凱恩斯（Cairns）北方短暫停靠時發現的澳洲毬蘭（*Hoya australis*，又稱蠟花），留下的註記只有寥寥幾筆：「白花的花瓣基部有紫色斑點，花萼和梗都是白色的。」

雖然澳洲毬蘭學名中的「Hoya」是要紀念皇家植物園河對岸錫恩宮（Syon House）的首席園藝家湯馬斯・霍伊（Thomas Hoy），他本人卻

澳洲毬蘭，華特・胡德・費奇（Walter Hood Fitch）繪，取自《柯蒂斯植物學雜誌》，1870年。

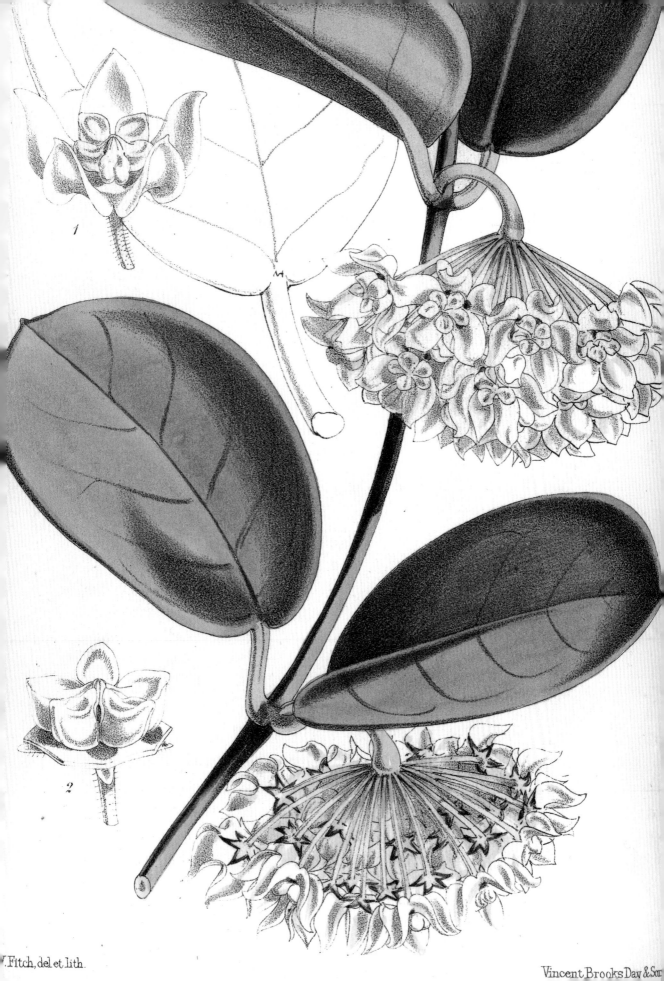

Vincent Brooks Day & Son

詹姆斯·米勒（James Miller）以水彩所繪的澳洲毬蘭，
配色按照席尼·帕金森鉛筆素描上的註記，
該標本是班克斯和索蘭德1770年6月時在澳洲葛拉夫頓角（Cape Grafton）採集。

從未種植過這種植物，英國要一直到1863年才開始種植。澳洲毯蘭屬於常綠藤本植物，擁有可以長到10公尺長的多汁莖部和香氣濃烈的花朵，在印度洋和太平洋地區相當常見。毯蘭屬包括數種物種，常常長在蟻穴上，或是螞蟻在樹上鑽出的凹洞。

帕金森為了他的藝術吃盡了苦頭，大溪地的各種享受雖然讓他的夥伴們流連忘返，卻抵觸他節制的貴格會（Quaker）信仰，他寧願把時間花在編寫資料上，並把握時間繼續畫畫。但畫畫也不是件容易的事，因為根據庫克所述：「帕金森不斷遭蚊蚋及蒼蠅侵擾，不但遮蔽了他的繪畫對象，導致根本就看不到表面，還在他上色的瞬間就把顏料吃掉。」回到海上，帕金森則必需忍受船隻的顛簸，並和班克斯及索蘭德在狹窄的艙房中共用桌子，還常常熬夜處理大量的標本。但無論如何，他在這趟旅程中仍想辦法畫出了955幅植物畫作，包括675幅素描和280幅上好水彩的成品，還有170幅動物畫作以及對原住民的詳盡觀察，並協助庫克繪製海岸地圖。

帕金森也有寫日記的習慣，這批日記後來由他的哥哥史坦菲爾・帕金森（Stanfield Parkinson）以《南海之旅日記》（*A Journal of a Voyage to the South Seas*）之名出版。但帕金森日記和畫作的所有權，日後卻引發了班克斯和史坦菲爾之間的爭論，結果是兩敗俱傷。史坦菲爾在他為日記撰寫的導讀中痛斥班克斯，不久之後便被送進療養院，使得帕金森的作品長年受到埋沒和遺忘，直到近年才得以重見天日。

回到英國後，班克斯下定決心用奢華鋪張的14本巨著來記錄他這趟旅程的發現，他找來5名畫家通力合作，為帕金森留下的素描上色。在接下來的11年間，索蘭德忙著描繪及命名這批新發現的植物時，18名雕版工人耐心準備了743塊銅版，以便捕捉所有精雕細琢的細節。

這項浩大的工程在索蘭德於1782年猝逝後仍繼續進行，班克斯1784年時曾提及作品已接近完成、即將出版，但這件事情從來沒有成真。班克斯1820年過世後，這批銅版捐贈給大英博物館，在後來的160年間都無人聞問。直到1980年~1990年（沒錯，總共花了10年），銅版重見天日，班克斯的這套《植物圖鑑》（*Florilegium*）才終於出版，世人總算能夠知道帕金森不辭辛勞的偉大貢獻。

瓦勒邁杉
Wollemi pine

學名：*Wollemia nobilis*

植物獵人：大衛・諾布爾

地點：澳洲新南威爾斯

時間：1994年

如果有一種樹生存了2億年，卻在一天之內被一場惡火從地球上抹除，這將是一件多麼殘忍的事？這便是2020年1月澳洲的瓦勒邁杉面臨的命運，人類起先從化石紀錄得知其存在，但認為這種樹已經絕種，直到1994年才在藍山（Blue Mountains）的一座雨林峽谷中發現其蹤跡。

巡山員暨野生動物保育官大衛・諾布爾（David Noble）注意到這一小片陌生的針葉林時，正從附近一座峽谷陡峭的砂岩峭壁上垂降，峽谷位於瓦勒邁國家公園（Wollemi National Park）的原始林深處，這一小片林地大約有100棵成熟的樹木及數量相當的樹苗。好奇的諾布爾採集了一份樣本，後來得知他在距雪梨僅200公里處，竟然發現了智利南洋杉的遠古親戚，這種樹自從恐龍的年代後就再也沒有人見過。瓦勒邁杉（又稱恐龍杉）的學名為「*Wollemia nobilis*」，前半部代表發現的地點（瓦勒邁國家公園），後半部則代表發現者諾布爾，也表示這種杉樹壯觀的高度（其最高能長到40公尺高）。

保育計畫馬上如火如荼展開，雖然在接下來的10年間又發現了另外兩處棲地，瓦勒邁杉的數量仍是相當稀少，因此這片樹林的具體位置成了細心呵護的秘密，除了防止盜獵者外，也是為了避免遊客帶來危險的病原體。話雖如此，2005年時仍是有幾棵樹感染了有害的黴菌。相關當局很快決定，保育瓦勒邁杉最好的方法，就是將其拿去販售，前292株瓦勒邁杉樹苗在同年拍出了50萬英鎊的高價。

瓦勒邁杉，貝佛莉・艾倫（Beverly Allen）繪，取自雪梨皇家植物園（Royal Botanic Gardens Sydney）的《植物圖鑑》（The Florilegium）。
© Royal Botanic Gardens & Domain Trust.

而另一種「活化石樹」水杉（*Metasequoia glyptostroboides*，又稱曙杉）1944年在中國發現，也很快就變成收藏家必備的樹木，因此雖然其在天然棲地已瀕臨絕種，水杉在世界各地的公園和花園仍可說是安居樂業。

瓦勒邁杉是曾遮蔽全澳洲、紐西蘭、南極洲廣袤森林的遺族，經過千萬年來的演化後，發展出不少有效的生存策略。其可以承受的溫度範圍從炎熱的47℃到嚴寒的-7℃，還能夠在酷寒下保持休眠，並在頂端長出白色的蠟質層，研究人員認為，正是這層「冰帽」幫助瓦勒邁杉度過接踵而至的冰河時期。而瓦勒邁杉多枝幹的特性，也是一大防火利器，使其能夠在漫長的時間中，不斷從地底破土而出。

然而，2020年1月的一場惡火侵襲瓦勒邁國家公園，摧毀了公園內90%的植物，甚至連通常不會起火的雨林峽谷地帶也無法倖免。這場大火整整燒了一週，消防員每天都搭乘直升機進入峽谷，想盡辦法用各種設備救火，他們還派遣消防飛機在野火所經的路徑投放阻燃劑，試圖延緩火勢，這樣火勢真的燒來時溫度就會比較低。兩天下來煙霧瀰漫，沒有人能知道實際情況究竟如何，1月17日時，當局終於欣喜宣布，只有2棵瓦勒邁杉在火災中死去，剩下的樹應該都能挺過這場劫難，瓦勒邁杉再次躲過了絕種的命運。

Beverly Allen

WOLLEMIA NOBILIS

瓦勒邁杉，貝佛莉・艾倫繪。
© Beverly Allen.

柯提斯彩穗木
Scoparia

學名：*Richea curtisiae*

植物獵人：溫妮佛瑞德・瑪麗・柯提斯博士

地點：澳洲塔斯馬尼亞

時間：1971年

柯提斯彩穗木的學名「*Richea curtisiae*」是為了紀念堅毅的植物學家溫妮佛瑞德・瑪麗・柯提斯博士（Winifred Mary Curtis），這是塔斯馬尼亞常見的兇殘多刺灌木彩穗木（*Richea scoparia*）和比較嚇人的巨葉樹（*Richea pandanifolia*）的自然雜交種。巨葉樹生長在亞高山帶的林地，擁有長長的尖狀葉，葉片長度最長可達1.5公尺，乍看之下就像紐西蘭麻。

科提斯彩穗木擁有鮮豔的紅花，如同此處取自塔斯馬尼亞特有種植物專書《塔斯馬尼亞的特有種植物》（*The Endemic Flora of Tasmania*）的附圖所顯示。

彩穗木屬非常豐富，特有種比例高達28%，高山棲地的特有種比例更高達60%，同時也包含某些地球上最古老的生命型態，能夠追溯至地球上的大陸都還未分裂的盤古大陸（Pangea）年代，也就是超過2億年前。盤古大陸分裂為兩座超級大陸後，南邊那座包含現今南極洲的「岡瓦納大陸」（Gondwanaland），隨著天氣越來越溫暖潮濕，出現了稠密的森林。專家認為，塔斯馬尼亞生物多樣性豐富的森林，應該相當接近當時那片覆蓋大部分南半球的遠古森林，所留下的植被殘跡。

1939年，柯提斯博士前往塔斯馬尼亞大學任教時，便深受當地獨特的島嶼植被震懾。她是當時全校唯二的女性教職員，但是就算她身為相當知名的植物學家，仍是從來沒有獲得任何重要的職位。這也難怪，因為根

柯提斯彩穗木，瑪格麗特・史東繪，取自《塔斯馬尼亞的特有種植物》，溫妮佛瑞德・瑪麗・柯提斯著，1967年~1978年。

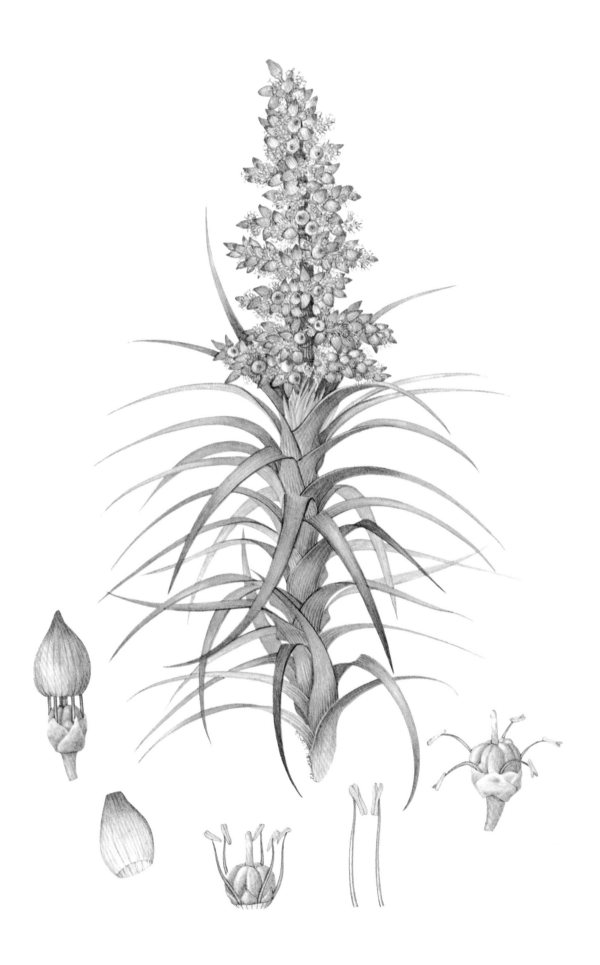

據記載，1948年時該校的女性教職員人數雖然已來到5位，她們仍被迫接受只有男人90%的薪水。柯提斯博士一直到1966年退休，她的職涯才可說是開花結果：她慢慢擴充從1940年代開始撰寫的《給學生的塔斯馬尼亞植物學》（The Student's Flora of Tasmania），使其成為塔斯馬尼亞植物的權威著作，這件事也讓她一直忙到將近90歲為止。1967年，柯提斯博士開始撰寫《塔斯馬尼亞的特有種植物》一書，她一開始其實只是受託描繪35種引人入勝的塔斯馬尼亞植物，最後卻足足寫了6大冊，並成為20世紀最重要的植物學著作之一。

這項計畫的始作俑者是第七代馬拉海德塔伯特男爵（Baron Talbot of Malahide）麥洛・塔伯特（Milo Talbot）。他是個古怪的單身漢，也是個充滿熱情的園藝家，原先是名外交官，但外交生涯卻因好友暨劍橋大學教授安東尼・布蘭特（Anthony Blunt）蘇聯間諜的身分東窗事發而倉促結束。男爵繼承的除了位於愛爾蘭的城堡，還有塔斯馬尼亞北部的一大片地產。他在1952年初次拜訪此地，對一個熱愛珍稀植物的男人來說，塔斯馬尼亞的馬拉海德簡直是人間天堂，男爵很快便開始把植物寄回愛爾蘭的馬拉海德（塔伯特家的人為地產

取名時顯然缺乏想像力），其收藏規模日益擴大。

當男爵決定把一開始的委託拓展成嚴肅的學術著作時，柯提斯可說是該著作的不二人選。她組織了一群植物愛好者，幾乎把整個塔斯馬尼亞都翻過一遍，以採集新鮮的植物，接著快速為標本分類，再把植物寄到倫敦，趁著褪色前趕快讓植物畫家瑪格麗特・史東（Margaret Stones）記錄。

生於澳洲的史東是在偶然間發現自己的天賦：她本來就是藝術家，在感染肺結核住院的18個月期間開始描繪植物，這個經驗促使她繼續進修植物學和植物繪畫。1951年，史東為了深造植物相關知識搬到英國，住在皇家植物園的轉角附近，不到幾年光景，她便成為最受尊崇的植物書籍《柯蒂斯植物學雜誌》的主要畫家，在25年間貢獻超過400幅植物水彩畫；1967年~1978年間的《塔斯馬尼亞的特有種植物》，她則是貢獻了254幅精雕細琢的水彩畫。在那個沒有網路的時代，分隔地球兩端工作可能會是艱鉅的挑戰，但是柯提斯以滿意的語氣寫道：「你從來不需要提醒史東，她總是知道要描繪哪個部分，才能協助正確的植物分類。」

麥洛・塔伯特於1973年猝逝，享壽60歲，時值《塔斯馬尼亞的特有種

Puchea pandanifolia, *H f*

植物》第4冊出版不久。這個計畫後來由他的妹妹羅絲・塔伯特（Rose Talbot）接續完成，相較之下，男爵的兩名合作對象都相當長壽，老年生活也過得非常精彩，史東後來以98歲高齡逝世，柯提斯則是剛好100歲。

巨葉樹，取自《塔斯馬尼亞植物考》（*Flora Tasmania*），
喬瑟夫・道爾頓・胡克著，1860年。
胡克是在和詹姆士・克拉克・羅斯（James Clark Ross）船長的南極探險途中發現巨葉樹，
他同時也是西方第一個描繪塔斯馬尼亞植物的植物學家。

麵包樹
Breadfruit

學名：*Artocarpus altilis*

植物獵人：大衛・尼爾森

地點：法屬波里尼西亞大溪地

時間：1769年

1768年，詹姆士・庫克船長和植物學家喬瑟夫・班克斯爵士搭乘奮勇號啟航前往觀測金星時（參見第20頁），他們的目的地是新發現的太平洋島嶼大溪地。他們在此找到物產豐饒的世外桃源，居民友善、食物充足，結實纍纍的樹木開滿美麗的花朵。班克斯特別受麵包樹（*Artocarpus altilis*）的豐饒吸引，麵包樹生長在我們現在所謂的農林間作（agroforestry）環境中，成熟後壽命長達數十年，富含營養成分和澱粉的果實全年都可以收成，而且幾乎不怎麼需要照料。

因此，1784年西印度群島的農場主找上班克斯，希望能夠引進麵包樹當成奴隸「健康營養的食物」時，班克斯很快便伸出援手（因比起當時奴隸的主食大蕉，種植麵包樹可以節省「大量的人力」）。數萬年前，波里尼西亞的航海家為了尋找新的陸地，就曾經帶著麵包樹從其家鄉馬來半島橫越太平洋，如今麵包樹又要再度踏上旅程。

從奮勇號的旅程歸來之後，班克斯的影響力大增，他是英王喬治三世的朋友、皇家植物園的顧問、皇家學會的會長，因此他馬上就開始組織一支遠征隊，以將麵包樹從大溪地移植到加勒比海，並親自監督任務的所有細節，從路線規劃到重新整修船隻當成行動溫室等。船上的大艙房通常是船長的私人廂房，但遭到班克斯徵收，並裝設了天窗、通風系統、可以安全存放盆栽的夾層，下方還有蓄水池以及一座能夠讓植物在冰冷的南海

麵包樹，當時的學名為「*Artocarpus incisa*」，蘭斯當・高汀（Lansdown Guilding）繪，取自《柯蒂斯植物學雜誌》，1828年。

46

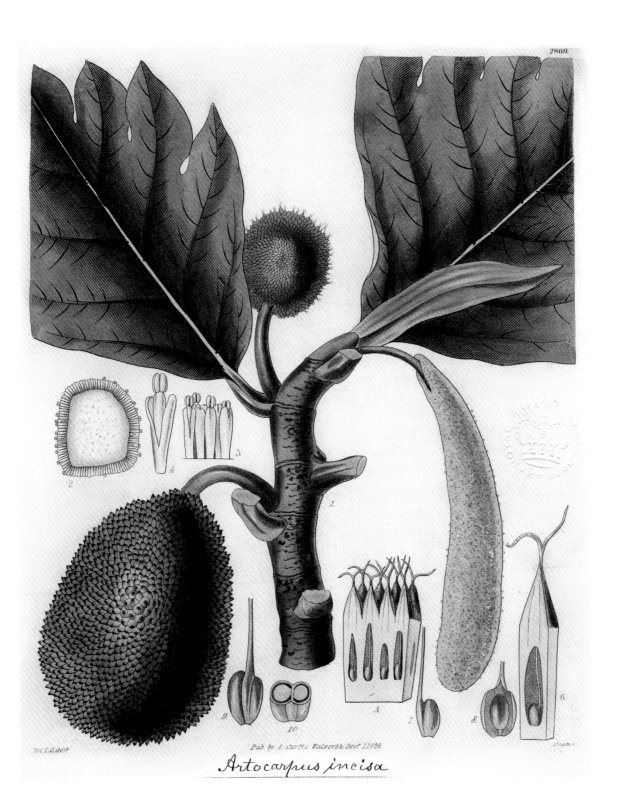

2869.

Pub. by S. Curtis. Walworth Dec.r 1. 1828.

Artocarpus incisa

保持溫暖的爐子。

　　班克斯將整修好的船隻更名為「邦蒂號」（Bounty），並找來威廉・布萊（William Bligh）上尉擔任船長，他曾參與庫克的第二趟遠征。至於照料珍貴貨物的人選，班克斯則

找來了園藝家大衛・尼爾森，他曾在庫克最後一趟遠征協助班克斯採集植物，而且對大溪地也略知一二。

　　班克斯拜訪大溪地時，可說是充分享受了小島上的各種消遣，但尼爾森可沒這麼好命。班克斯嚴正寫信告

麵包樹，珍・赫頓（Jane Hutton）收藏，
英國皇家植物園，1894年。

訴他：「就算只是短短一小時的漫不經心，也可能會摧毀所有可能採集到的樹木和植物，並讓整趟旅程的辛勞化為烏有，我因此強烈建議你督促自己遠離各種消遣的誘惑和烈酒。」

班克斯非常有先見之明，邦蒂號花了10個月才抵達大溪地，因為他們無法繞過合恩角（Cape Horn），所以只好不斷掉頭重來，總計失敗了3次才通過。這段時間裡，尼爾森勤奮地照顧他的麵包樹，最終在船上培育出了1,000株健康的幼苗，其他船員則是度過了5個月的熱帶逍遙時光。

到了1789年4月，邦蒂號準備要離開時，某些船員，包括船長的大副佛萊徹·克里斯汀（Fletcher Christian），都已經有了大溪地「老婆」，所以非常不願出海。情勢越來越緊張，加上沒有海軍官兵可以維護船長的權威，克里斯汀在出海23天後便發動叛變。

布萊半夜在床上遭刺刀挾持，接著他本人、尼爾森以及其他16名效忠布萊的船員，都被逼上一艘小艇自生自滅。這時他們離最近的海岸有將近2,100公里遠，更慘的是，所有尼爾森細心照料的麵包樹也被一棵棵扔下船。

即便布萊缺乏社交技巧（他向來以「龍捲風般的凶暴脾氣」聞名），他仍靠著精湛的航海技術來彌補這點。當時他手上只有1顆羅盤、1部六分儀、1部四分儀以及2本數學和天文學的書，他卻奇蹟般的帶領這艘小船駛過致命的暗礁，橫越南太平洋抵達帝汶島（Timor），總共費時47天，距離長達3,618海里。不過尼爾森因為這趟旅程變得相當虛弱，某天進行完辛勞的採集後便去世，其他人則想方法回到英國，布萊因為失去船隻而受軍事法庭審判，但最後仍順利脫身。

1791年，布萊再次回到大溪地，這一次他的任務圓滿達成，成功運送678棵健康的麵包樹到聖文森和牙買加；一年後，當地回報這批麵包樹都「長得非常漂亮」，班克斯因此相當高興。1793年，布萊帶著皇家植物園有史以來收到最大批的植物歸來時，班克斯更是喜不自勝，這批植物至少有1,283株，是從大溪地、塔斯馬尼亞、新幾內亞、帝汶、聖文森、牙買加等地採集而來。

但對西印度群島的奴隸來說，布萊的努力可就沒有受到這麼熱情的迴響，因為他們花了好幾代的時間，才準備好把這種奇形怪狀的綠色水果當成食物。當然現在麵包樹已成為加勒比海料理的主食，還享有「奇蹟食物」的美稱，可以說是緩解全球飢餓的救星。

麵包樹的果實富含營養、高纖、不含麩質，還擁有許多重要的礦物質

和維生素，包括維他命B、維他命B1、維他命B3、維他命C，同時也是一種蛋白質，含有人體必需的9種胺基酸。

位於夏威夷和佛羅里達的美國國家植物園（US National Botanical Garden）還成立了「麵包樹研究所」（The Breadfruit Institute）來研究這種植物。全世界有8億1,500萬人屬於飢餓人口，其中有80%生活在熱帶地區，專家希望麵包樹能夠成為便宜又環保的解決方法，讓這些人不再挨餓。

不同於傳統富含澱粉的植物，如樹薯、稻米、地瓜等，需要每年重新種植，麵包樹只要種一次就好，而且不太需要什麼照料就能在各種環境中生存，包括鹽分很高的低窪環礁。此外，在受氣候變遷嚴重影響的國家，例如海地和巴哈馬，改種麵包樹也能為當地人和野生動物提供遮蔭，多出的農地可以栽種其他作物、木材可以拿來蓋房子，對環境也好處多多，包括改善水土保持和碳封存等。

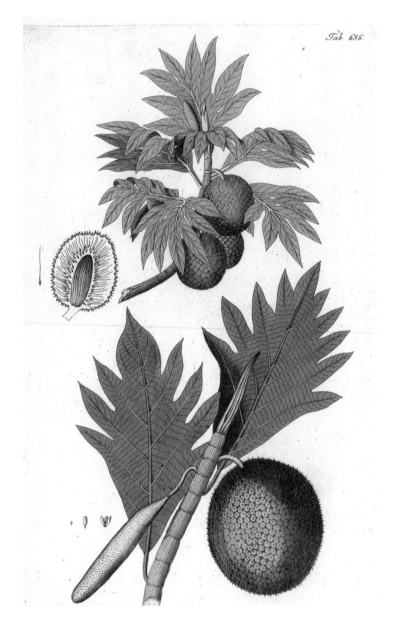

Tab 656.

麵包樹，當時的學名為「*Artocarpus incisa*」，取自《重要醫學植物》（*Icones Plantarum Medicinalium*），J‧J‧普朗克（J. J. Plenck）著，1788年~1812年。

〈麵包樹，繪於新加坡〉（*The Breadfruit, Painted at Singapore*），瑪麗安娜‧諾斯繪，1876年。

大王花
Corpse lily

學名：_Rafflesia arnoldii_

植物獵人：史丹佛·萊佛士爵士不知名的僕人

地點：印尼蘇門答臘

時間：1818年

大王花（_Rafflesia arnoldii_）擁有世界上最大的花朵，2019年，印尼西蘇門答臘甚至開出了一朵直徑長達1.2公尺的大王花。

不過大王花最奇怪的地方，並不在於可以重達10公斤的巨無霸體型，而是能夠憑空開出這麼大的花朵，完全不用自己的根、葉子、葉綠素幫助。大王花會寄生在印度栗爬藤（_Tetrastigma leucostaphylum_）上，並朝爬藤組織發射絲狀物質，以吸取養分和水分，而且在生命週期中的大部分時間，宿主都不會發現其存在。大王花會靜靜在藤蔓中成長，直到大約18個月後，花苞才會突然從樹皮中迸出。在接下來6~9個月期間，花苞會穩定生長，長到和萵苣差不多大，最後開出一朵幾乎撐不到7天的巨大肥美花朵，就連大象的孕期也不需要這麼久；有趣的是，專家一開始還真的認為大王花是由大象進行授粉。當然不是如此，大王花的主要授粉者其實是受其另一項特色，也就是濃烈的腐肉惡臭，所吸引的綠頭蠅。

即便大王花有這麼明顯的缺點，史丹佛·萊佛士（Stamford Raffles）爵士仍是認為大王花「或許稱得上是世界上最大也最壯麗的花朵」，而其學名也是來自萊佛士。萊佛士寄了幾片大王花樣本和圖畫給皇家植物園的喬瑟夫·班克斯爵士後，還引起了一陣騷動，當時班克斯已經是個見識過各種稀奇古怪植物的人物，但仍然深受震撼，表示大王花是他「這輩子目前看過最非凡的植物」。班克斯的左右手暨當時最著名的植物學家羅伯

大王花，取自《茂物植物園種植及描繪的罕見與新發現植物精選》
（_Choix de Plantes Rares ou Nouvelles, Cultivées et Dessinées dans le Jardin Botanique de Buitenzorg_），
F·A·W·米克爾（F. A. W. Miquel）著，1863年~1864年。

RAFFLESIA ARNOLDI R.BROWN.

Rafflesia Arnoldi.

大王花，法蘭西斯‧鮑爾（Francis Bauer）繪，
取自《倫敦林奈學會會刊》
（*The Transactions of the Linnean Society of London*），1822年。

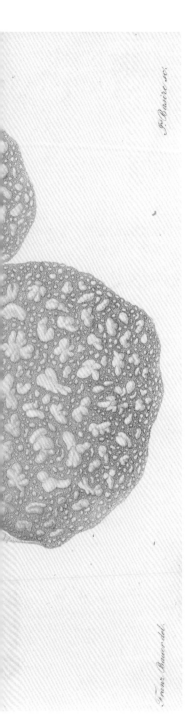

特‧布朗（Robert Brown）在為大王花命名時也相當困惑，不知道大王花究竟該屬於哪個植物家族，這個問題至今也仍困擾著植物學家。

但萊佛士並不是大王花的發現者，這項殊榮屬於1818年5月，陪萊佛士和他的孕妻前往蘇門答臘叢林探險的其中一名馬來西亞僕人，同行的還有年輕的美國醫生暨熱情的植物學家喬瑟夫‧阿諾德（Joseph Arnold），呼喚阿諾德來瞧瞧這株「超炫」植物便是該名不知名的僕人。阿諾德後來在寫給朋友的信中提及：「老實說，如果那時候只有我一個人，而且四周都沒有目擊者，我覺得我應該不太敢跟大家描述這朵花的尺寸有多誇張。」萊佛士和夫人馬上開始記錄大王花，「我們所有人都一致同意這個奇觀的蜜腺容量應該多達十二品脫，而我們計算出來的重量則是大約7公斤……」阿諾德幾個月後就在巴達維亞因發燒猝逝，僕人也不知所終，而萊佛士創建了新加坡這座海港城市和倫敦動物園。

大王花現在是印尼的三朵國花之一，另外兩朵是又稱月光蘭的蝴蝶蘭（Phalaenopsis amabilis）和好聞的茉莉花（Jasminum sambac），可說是印尼豐富生物多樣性的具體象徵，這個國家擁有世界上超過10%的開花植物。大王花因此成為某種觀光名勝，雖然平常相當罕見，卻常常可以在路邊的廣告看板上看到，邀請遊客到鄰近的植物園看看這種稀世花朵。即便大王花本身並不是瀕危植物，觀光客的干擾多少還是對其造成了某些影響，因為在許多棲地中，每年產生的花苞數量都明顯降低。

更讓人擔憂的是印尼快速發展的濫伐現象，1960年代時整個群島大約有80%都還是原始林，現在則只剩不到一半。雖然目前已開始實施保育措施，但每年仍至少有100萬公頃的雨林遭到砍伐，這將使大王花寄生的爬藤類植物及群島的特有動物面臨巨大的風險，包括著名的紅毛猩猩。

馬來王豬籠草
Giant Malaysian pitcher plant

學名：*Nepenthes rajah*

植物獵人：湯瑪斯・洛布、休・洛爵士

地點：婆羅洲沙巴

時間：1851年

巨大的馬來王豬籠草（*Nepenthes rajah*）真的是植物界中的王者，這是所有熱帶豬籠草中最大的一種，莖部可以長達6公尺，深紅色的捕蟲籠深不見底，漫不經心的老鼠常常不小心遭到捕獲。這種神奇的植物只生長在婆羅洲沙巴京那峇魯山（Mt Kinabalu）和鄰近的坦布幼貢山（Mt Tambuyukon）山坡上的潮濕雨林中，通常長在開闊空地的岩石和苔蘚間。

這類棲地養分含量都不高，馬來王豬籠草因此發展出精巧的生存策略。

馬來王豬籠草和所有豬籠草屬的植物相同（豬籠草屬約有120種物種，光是婆羅洲就有40種），都屬於肉食性植物，明亮的顏色和香甜的花蜜會吸引昆蟲前來。昆蟲會在捕蟲籠口滑溜的邊緣失足（特別是在下雨過後），接著掉進底部黏答答的消化液池。由於無法爬上蠟質的籠身內壁，這些昆蟲只能溺死在掠食者的消化液中，身體慢慢被其吸收。

但對馬來王豬籠草以及其京那峇魯山的鄰居勞氏豬籠草（*Nepenthes lowii*）和大葉豬籠草（*Nepenthes macrophylla*）的巨型掠食者來說，螞蟻和甲蟲充其量只是開胃菜而已，因此為了獲取額外的養分，這些豬籠草發展出了靠動物糞便維生的生存策略。

豬籠草的籠蓋會分泌一種散發果香的液體，但並不是要吸引昆蟲，而是要吸引兩種特定的動物——白天出沒的山地樹鼩（*Tupaia montana*）和夜間出沒的巴魯大家鼠（*Rattus baluen-*

馬來王豬籠草，瑪蒂達・史密斯（Matilda Smith）繪，取自《柯蒂斯植物學雜誌》，1905年。

sis）——以便確保穩定的營養供給。由於豬籠草分泌的液體具有瀉藥的效果，這兩種動物除了會在籠口邊緣保持平衡想辦法舔拭液體，也會直接把捕蟲籠當馬桶使用，為豬籠草提供富含氮的豐盛糞便。

另一種來自婆羅洲低地的赫姆斯利豬籠草（*Nepenthes hemsleyana*），生存策略則更為複雜精細，這種豬籠草幾乎不怎麼理會昆蟲，而是為哈氏彩蝠（*Kerivoula hardwickii*）提供五星級的款待。如同吸引鼩類的豬籠草會

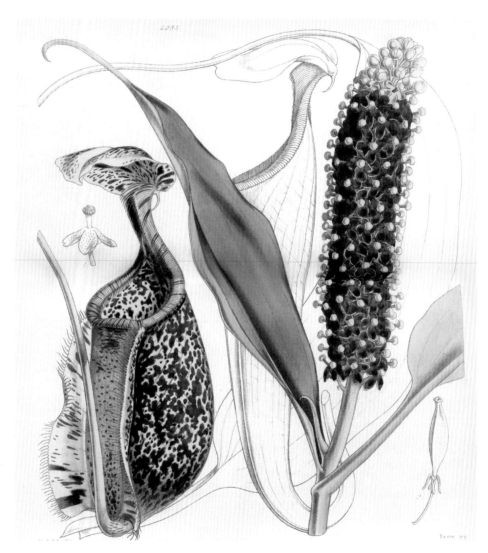

萊佛士豬籠草，華特‧胡德‧費奇繪，取自《柯蒂斯植物學雜誌》，
1847年，由湯瑪斯‧洛布採集。

根據訪客的體型來調整自身的大小和
形狀，赫姆斯利豬籠草也提供了完美
的蝙蝠睡袋，擁有方便蝙蝠攀附的隆
起處，甚至還有較大的籠口，能夠反
射來自蝙蝠的超音波回聲訊號，協助
其在茂密的植被中找到豬籠草。蝙蝠
付帳的方式則是糞便，能夠提供豬籠
草所需95%的氮氣。

　　雖然植物學家已經很習慣動物吃
植物，他們仍花了很長一段時間才願
意相信植物也能反過來吃動物。1770
年代的瑞典權威博物學家林奈認為這
根本就是「違反自然法則」，但是肉
食性植物這個概念仍是有種致命吸引
力。1844年，湯瑪斯・洛布（Thom-
as Lobb）將人類初次發現的兩種豬
籠草寄回英國，他的老闆暨溫室主人
詹姆斯・維奇（James Veitch）馬上
看見豬籠草在英國維多利亞時代蔚為
風潮的新型溫室中，成為異國奇觀的
潛力。

　　維奇的溫室於1808年建立，經過
五代子孫的辛勤努力後，成為英國最
知名的溫室，以引進最刺激的新型植
物聞名，同時他們種植這些植物的成
功率還遠超倫敦園藝學會和皇家植物
園。維奇家族也是最早雇用專業植物
獵人的溫室，他們在1840年代就將一
對來自康瓦爾的兄弟檔，威廉・洛布
（William Lobb）和湯瑪斯・洛布，分

別派遣至地球兩端。威廉會先前往美
洲，並帶回改變景觀的樹木（參見第
236、275頁）；而從13歲就開始當學
徒的蘭花專家湯瑪斯，則會前往東南
亞尋找這些最能大發利市的花朵（參見
第290頁）。

　　湯瑪斯原先計畫前往中國，但遭
到拒絕入境，因此只好轉到爪哇、新
加坡、麻六甲、檳城等地採集。他的
第一批溫室珍寶在1844年天寒地凍的
冬季運抵英國，卻遭海關擋下，好不
容易取回時，裡面的植物都已經凍壞
了。幸好維奇仍是使出渾身解數想辦
法「種植」一些種子，成功種下擁有
美麗斑紋的萊佛士豬籠草（*Nepenthes
rafflesiana*）。

　　湯瑪斯第二趟旅程的任務是找
到更多豬籠草、蘭花和新品種的溫室
杜鵑花，他前往北印度、下緬甸、砂
勞越、蘇門答臘、菲律賓等地採集植
物，並帶回足夠的植物，讓維奇能夠
在1851年的世界博覽會期間，也舉辦
一場壯觀的豬籠草特展。他也帶回了
著名的藍萬代蘭（*Vanda coerulea*）和
蝴蝶蘭，也就是我們現在能在超市買
到的所有雜交種的祖先。

　　接著，他的第三趟遠征是到京那
峇魯山尋找馬來王豬籠草的蹤跡，雖
然1851年時，第一位登頂京那峇魯山
的西方人休・洛（Hugh Low）爵士已

經發現馬來王豬籠草，並以他的導師詹姆斯・布魯克（James Brooke）爵士的名字命名（他是婆羅洲蘇門答臘第一個白人酋長），但洛帶回去的只有標本。湯瑪斯想要取得活體植物的嘗試，受到當地的動亂阻礙，他只好退而求其次帶回體型更小的維奇豬籠草（*Nepenthes veitchii*）。

湯瑪斯在他1858年的最後一次冒險又再次挑戰這個不可能的任務，但依舊功虧一簣，因為他沒辦法說服充滿敵意的當地人帶他上山。洛認為，這很可能是因為湯瑪斯帶領的遠征隊太過紳士，不願以武力壓制或金錢賄賂來換取當地人的許可；但湯瑪斯其實有更迫切的問題，他在旅途中摔斷了腿，最後甚至必需截肢。

一直到1877年，另外兩名維奇溫室的植物獵人，彼得・維奇（Peter Veitch）和佛德瑞克・巴比吉（Frederick Burbidge）按照洛的田野筆記，找到通往「豬籠草之王」的路徑。巴比吉欣喜地寫道：「我們一看到這些婆羅洲的安地斯山上奇觀，路途中所有疲累和不適全都一掃而空！皇家植物園長久以來渴求的植物寶藏，就位在這座雲霧繚繞的山坡上。」

除了馬來王豬籠草之外，他們也採集了沙漏般優雅的勞氏豬籠草、擁有狹長紅色捕蟲籠、刀鋒般銳利唇肋的

愛德華豬籠草（*Nepenthes edwardsiana*）以及擁有類似精緻唇部的長毛豬籠草（*Nepenthes villosa*）。不過這些豬籠草都非常難種植，要一直到微體繁殖（micropropagation）問世的年代，豬籠草才真正成為一種商品。

直到今日，人類仍持續發現新的豬籠草，光是在2016年，英國皇家植物園的馬汀・奇克（Martin Cheek）就發現了3種新物種。現代發現的豬籠草中，最讓人興奮的一種，應屬艾登堡豬籠草（*Nepenthes attenboroughii*），以深受愛戴的英國知名自然史節目旁白大衛・艾登堡命名。艾登堡豬籠草是在2007年時於菲律賓中部高地發現，雖然不像馬來王豬籠草那麼大，也算是頗為巨大。

植物學家會得知這個新物種的存在，是因為2000年時有兩名基督教傳教士在登頂維多利亞山（Mount Victoria）的過程中迷路，於山坡附近受困了13天。傳教士順利獲救後，描述了他們遇見的巨大豬籠草，大家一開始都以為這是中暑產生的幻覺。這種驚人的豬籠草是豬籠草屬的新成員，屬於瀕危物種，和其大部分的熱帶親戚相同，生存飽受大規模的棲地破壞威脅，像是露天採礦或是土地被用來改種棕櫚、鳳梨等其他作物。

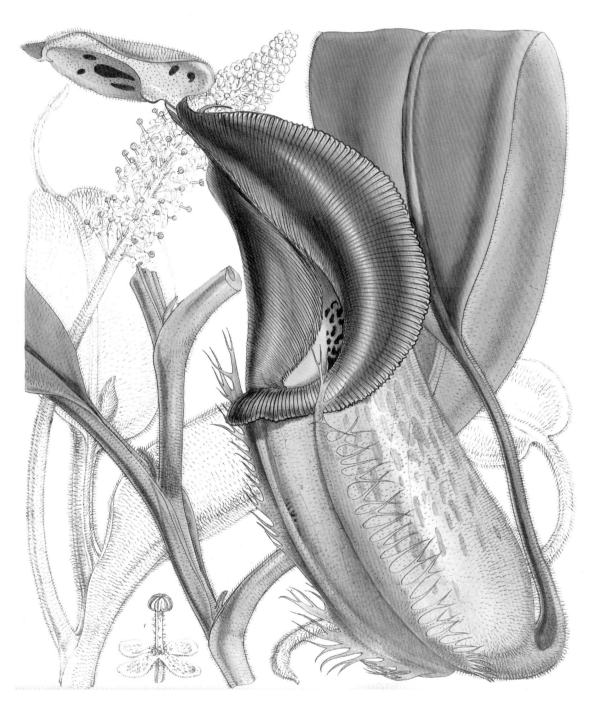

維奇豬籠草，由湯瑪斯・洛布在他1854年~1857年間的第三趟婆羅洲遠征中採集，
並以他的老闆命名。但1858年的《柯蒂斯植物學雜誌》中，威廉・傑克森・
胡克爵士描繪時不慎將其誤認為更大的長毛豬籠草，並畫上充滿皺折的特別唇部。

亞洲

亞洲對西方園藝的貢獻遠超出其他大陸，事實上甚至可以說，舉世聞名的英式花園中，大部分的植物都是來自日本、中國以及喜馬拉雅山區。

亞洲植物從遠古時代開始，便已隨著橫跨波斯、美索不達米亞、印度次大陸、中國等地的貿易路線傳入歐洲。泰奧弗拉斯特最早在西元前3世紀便曾提過來自印度的榕樹，歐洲的羅馬帝國在1世紀時，也開始和美索不達米亞的波斯人、北印度的貴霜王朝、中國漢朝等政權進行貿易。

一開始是由荷蘭和葡萄牙商人從日本將第一批植物帶回歐洲，但是後來幕府對葡萄牙傳教士激進的傳教行為有所警覺，在1633年宣布鎖國。中國從15世紀開始，同樣成為一個封閉的國家，不過朝廷仍慷慨接受耶穌會傳教士及他們的諸多貢獻，同時俄羅斯的植物學家也繼續在北方活動。

這段時期，植物的主要來源依然是英屬東印度公司和荷屬東印度公司，一直到英國殖民印度、中國爆發鴉片戰爭、日本發生黑船事件迫使這些國家在1850年代再度開放邊界為止，而印度的植物園在植物的傳播上也扮演了重要角色，特別是那些具備經濟價值的植物。

對尋找觀賞性植物的植物獵人來說，中國西部及喜馬拉雅山區擁有非常豐富的資源，因為這些地區受冰河的影響不如北歐那麼嚴重，而且亞熱帶地區的高山涵蓋多種溫度範圍，所以擁有各種能夠適應西方庭園環境的植物。此外，喜馬拉雅山區的地理環境，也能有效阻隔外在物種，並創造新的生態系，利於促進物種演化，因此孕育了相當多樣的植物，而且隨著運送活體植物的技術改善，造就的成果也更為壯觀。

植物獵人的工作並非總是一帆風順，如同偉大的植物獵人喬治·佛瑞斯特在薩爾溫江（Salween river）邊的家書所述：

「……這裡的昆蟲生氣蓬勃，也相當煩人。擁有笨重長腳的生物會突然掉進某個人的湯裡面；顏色鮮艷、充滿劇毒、剛毛又長又亮的巨大毛毛蟲會出現在某人的毯子裡，宛如公事公辦的客人執意要留下；瓢蟲和各種甲蟲從樹上掉到人的脖子上，其他不討喜的昆蟲也會鑽進人的下半身。帳篷的燈火則會吸引一支軍容壯盛的軍隊，會爬的會叫的會螫人的。」

而佛瑞斯特還會遭遇比昆蟲更恐怖的危險……

銀杏
Maidenhair tree/Ginkgo tree

學名：*Ginkgo biloba*

植物獵人：恩格柏特．坎普法

地點：日本

時間：1712年

銀杏樹是終極的生存大師，已經在地球上存在至少2億4,000萬年，非洲南部卡魯盆地（Karoo Basin）發現最古老的銀杏化石，便是這個年紀。確實，化石紀錄顯示銀杏曾經覆蓋廣大的面積，生長在北極圈、格陵蘭、北美、非洲，範圍還遍及亞洲和歐洲大陸。但是在大約1億年前，銀杏族群開始凋零，直到今日地球上只剩兩處可以找到野生銀杏的蹤跡，都位於人口稀少、交通不便的中國南部，導致

科學家長久以來都認為野生銀杏早已絕種。在數千萬年的時光中，足跡曾經遍及全球的銀杏，現在只剩下一種物種「*Ginkgo biloba*」，可說真的是獨一無二，因為銀杏目、銀杏科、銀杏屬，都只剩這一種銀杏了。

銀杏見證了超級大陸分裂、巨型隕石襲擊、極端氣候變遷、恐龍絕種，甚至還逃過一次原子彈轟炸，現今廣島還有6棵銀杏樹，就長在1945年奪去14萬條人命的原爆中心約1.6公里外。正是這種不可思議的韌性，讓銀杏即便在人類世（Anthropocene）也能生生不息。即便野生的銀杏可能已瀕臨絕種，銀杏在我們的公園和庭園間仍十分常見，而且世界上許多地方也都把銀杏當成行道樹，光是在紐約就有超過16,000棵銀杏，銀杏也是日本最常見的行道樹。

銀杏非常堅毅，耐旱、耐傳染病、耐空污，加上結實的根部，使其成為天生贏家。不過銀杏仍然有個缺點，這是一種雌雄異株的植物，即雌株和雄株是分開的。雄株會長出微小的毬果，雌株則是會結出很像杏桃的

銀杏，不知名的中國藝術家繪，羅伯．福鈞收藏，
英國皇家植物園，約1850年~1860年。

Chinese name

白菜樹

Peh
Kwo
Shoo.

〈紐約東六十一街（銀杏）〉（*East 61st Street, New York (Ginkgo biloba)*），
羅利‧麥克尤恩（Rory McEwen）繪，雪莉‧
雪伍德（Shirley Sherwood）收藏，1980年。

飽滿黃色果實，但不像杏桃會散發香氣，反而非常臭，因此一般種植的大多是雄株。

銀杏是從日本引進至西方科學界，其原生地為中國，約在6世紀或7世紀時，與中國手稿、中醫、中式建築及庭園、佛教一同傳入日本。因為中國寺廟通常會在院落內種樹，銀杏的長壽因而使其成為崇敬的對象，據說現今中國有棵銀杏樹已超過3,500歲。日爾曼醫生恩格柏特・坎普法（Engelbert Kaempfer）便於1691年2月在長崎的一座寺廟中發現銀杏，並將其記錄在他1712年出版的著作《異域采風錄》（Amoenitates Exoticae）中，提及銀杏的扇形葉很像鐵線蕨，還提到烤銀杏核仁是非常棒的飯後甜點，能夠促進消化、減少脹氣。《異域采風錄》也記錄了東瀛珊瑚、茵芋、繡球花、臘梅、數種百合和超過30種山茶花變種。

植物獵人的故事通常都和殖民的傲慢有關，但在17世紀的日本，情況卻是完全相反。日本的軍事統治者江戶幕府從1630年代起實施「鎖國政策」，禁止日本人出國；外國貿易僅能在特定的5個港口進行，其中只有1個對西方開放。1639年，所有的葡萄牙商人和傳教士都遭到驅逐，日本政府只允許荷屬東印度公司留下，但職員僅能待在長崎灣的人造島「出島」上，大小只有236步×82步。

坎普法在出島待了2年時間（1690年~1692年），擔任這個幽閉社群的醫生，這其實不是他的首選，他本來想到熱帶植物寶庫巴達維亞任職，以採集和研究植物。不過10年來在近東及遠東地區遊歷的經驗，拓展了他的視野，也磨練了他的觀察力，所以他抵達日本時，並不受基督教和歐洲中心的偏見影響，而是充滿了旺盛的好奇心。

外國代表團每年都有一次機會，獲准穿越重兵看管的橋樑，踏上日本本島，展開一趟恭敬的旅程，前往江戶（現東京）的幕府進貢禮物給將軍。這趟旅程為期2個月，對坎普法來說是一次不可多得的珍貴機會，不僅能夠採集植物，還能一窺這個西方人一無所知的文化。採集植物也是個非常好的掩護，坎普法假裝描繪他從路邊摘取的植物（這是一個被嚴厲禁止的行為），實則倉促提筆記錄或畫下日本社會的方方面面。

所有事物都讓他著迷，踩著鐵蹺和蓬頭垢面的乞丐、頭上頂著造景盆栽的人們、幕府將軍城堡的細節，甚至連上廁所也是，因為地位崇高的賓客需要排泄時，馬桶和門把周遭會先鋪上乾淨的白紙，以進行消毒，就和

新冠肺炎時代一樣。

坎普法抵達江戶後，幕府要求他唱歌、跳舞、雜耍來充當餘興節目，他也優雅地通過了這一關。除了少數貿易相關事務外，日本人禁止和粗鄙的外國人互動，但是只要恭敬地提供一些免費的醫療協助，或是教導他們天文和數學的知識，同時誠心邀他們一同暢飲歐洲烈酒，通常就能得到想要的資訊，即便是禁忌的主題。坎普法盡可能從出島的前職員，以及少數獲准上島學習歐洲醫學或科技（統稱「蘭學」*）的日本人身上，蒐集寶貴的資訊。

這些資訊全都記載在坎普法的《日本誌》（The History of Japan）中，這本書將會形塑往後200年歐洲人對日本的看法，從壁紙設計到歌劇《日本天皇》（The Mikado）的歌詞等。坎普法心懷感激地承認，要是沒有他的學生、翻譯暨文化橋樑今村英生的幫助，這一切根本不可能達成。今村英生是個年輕的長崎語言學家，不僅以飛快的速度學會荷蘭文（因為當時教導外國人日文可是大忌），還持續提供坎普法各式各樣的資訊、書籍、嚴格禁止的地圖，全都是冒著殺頭的風險。

《日本誌》於1727年譯為英文出版，很快成為暢銷書，但對坎普法來說有點太晚，因為他在1716年便已過世，當時他沒有資金可以出版。後來大英博物館的創辦人漢斯・史隆（Hans Sloane）爵士買走手稿，並委託他的瑞士籍圖書館員約翰・蓋斯帕・舒威澤（John Gaspar Scheuchzer）進行翻譯；舒威澤勉為其難答應，卻在書中加油添醋，甚至重畫坎普法的素描。一直到1999年，根據坎普法原版忠實翻譯的版本才終於出版。

有300年的時間，大家都認為是坎普法把銀杏引進歐洲，而且荷蘭烏特勒支植物園裡那幾棵珍貴的銀杏，也是從他1693年帶回來的種子長成。然而，2010年的基因研究結果幾乎能夠確定，這些銀杏樹其實是來自韓國，但究竟如何飄洋過海來到歐洲，始終是個未解之謎。

倫敦的園藝家詹姆斯・高登（James Gordon）1750年代起便開始種植銀杏，這批銀杏應是直接來自中國，而1762年皇家植物園種植的那棵銀杏樹，也很有可能是出自高登之手，這棵樹後來成為著名的「老獅」*（Old Lions）樹之一。1784年，銀杏抵達美國，成為費城園藝家威廉・漢彌爾頓（William Hamilton）異國樹木收藏的一分子，他有3棵銀杏，並把其中一棵送給了植物獵人約翰・巴特蘭（參見第222頁）。這棵銀杏現在還

好端端活在斯庫基爾河畔（Schuylkill river）的巴特蘭花園裡，被認為是美洲最古老的銀杏。

銀杏的謎團還不只於此，植物學家仍在探討銀杏是否就是蕨類和針葉樹之間遺漏的連結，而銀杏能否治療失智症，最近也引發各方爭論，甚至連銀杏這個名字本身都是個謎。

為何坎普法當初選擇把代表「銀杏」的日文翻譯成「gink-go」，這個在現代日文中已經消失的發音呢？學界目前認為坎普法並不是翻錯了，而是忠實翻譯了他聽見的發音，因為他的日本幫手今村英生的長崎腔非常重。

★蘭學：指江戶時代荷蘭人傳入日本的知識、文化、技術等，也就是荷蘭傳來的學問。
★「老獅」樹：指英國皇家植物園中，少數幾棵從1762年存活至今的樹木。

學名還是「*Salisburia adiantifolia*」的銀杏，湯瑪斯‧鄧肯森（Thomas Duncanson）繪，英國皇家植物園收藏，1823年，描繪銀杏帶有花粉的嫩芽和嫩葉。

繡球花

Hydrangea otaksa

學名：*Hydrangea macrophylla* 'Otaksa'

植物獵人：菲利普・法蘭茲・馮・西博德

地點：日本

時間：1839年

日本的賞花季（hanami）享譽國際，朋友和家人會在春天齊聚一堂，沉醉在短暫的美好花開中，鮮為人知的是，雨季也會有另一種花卉盛開，那就是繡球花（*Hydrangea macrophylla*）。這種花原生於日本、中國、韓國，日本至少從8世紀起便開始種植，但到了江戶時代，繡球花在武士階層間已經失寵。

繡球花又稱「七變化」，會根據不同生長環境改變顏色，種在酸性土壤中將開出藍色或紫色的花朵，鹼性土壤則會開出粉紅色或紅色花朵；其他幾種八仙花屬的植物也有這種特性，像是高山繡球花（*Hydrangea serrata*）。詩人相當喜愛這種特色，將其視為善變或愛人變心的象徵，但武士則相當不屑，因為對他們來說，忠誠和堅貞是根本的美德。值得一提的是，粉紅色的繡球花象徵愛情，傳統上會用來慶祝結婚四週年。

光滑繡球（*Hydrangea arborescens*）和橡葉繡球（*Hydrangea quercifolia*）等繡球花則是來自北美洲，同時也是最早來到歐洲的繡球花，由倫敦亞麻布商暨植物愛好者彼得・柯林森（Peter Collinson）引進（參見第222頁）。而據說從日本首次引進繡球花的人是瑞典植物學家卡爾・彼得・鄧伯（Carl Peter Thunberg），鄧伯曾在烏普薩拉師從現代系統生物學的始祖林奈，最大的夢想便是前往日本。他先在好望角學會了一口流利的荷蘭文，接著前往荷蘭的貿易據點出島當了16個月的醫生（1775年～1776年）。

高山繡球花，日本植物學家暨昆蟲學家岩崎灌園（1786年~1842年）繪，他描繪這種植物的時間早了西方植物學家整整一個世代。

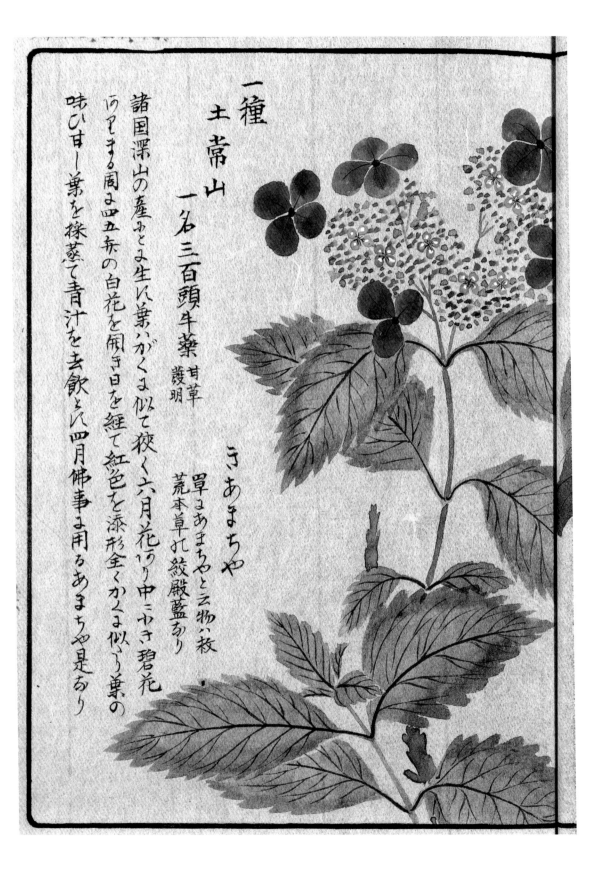

一種
土常山
一名三百頭牛藥 甘草 毅明

きあまちや

單まあまちやと云物八枚
荒本草れ絞嚴藍あり

諸国深山の産みとよ生に葉ハがくよ似て狹く六月花りり中ニやき碧花

ハ里まる周ま四五寸の白花を開き日を經て紅巴を添形全くかくよ似う葉の

味ひ甘し葉を採蒸て青汁を去飲ときハ四月佛事よ用るあまちや是あり

當時日本還處在鎖國狀態，出島周圍也有重兵看管，島上只住著14名歐洲人和幾名奴隸，加上一群晚上城門關閉時就會離開的日本官員和口譯，讓這群居民宛如「遭到活埋一般」。因此採集植物並不容易，鄧伯起初僅有的選擇便是在餵食小島牲畜的新鮮綠色草料中尋找：

「我每天檢查3次牛隻的飼料，並從中挑選出罕見和特別的植物，之後再將其曬乾，為歐洲的植物收藏作出貢獻，這些都是我在附近無法自由採集的植物。」

在這之中便有2種繡球花。經過和官僚體系漫長的攻防後，鄧伯最後終於獲准在長崎附近採集植物，但還是必需帶著一大群口譯和護衛，而且每次行程結束後他都得花很多錢請他們喝酒。然而，鄧伯還是成功在出島建立了一座花園，並從這裡運送活體標本到阿姆斯特丹，包括2株蘇鐵（*Cycas revoluta*）、幾株觀賞用的楓樹以及一直很受歡迎的日本小檗（*Berberis thunbergii*）。

1776年，鄧伯獲准加入一年一度前往江戶向幕府將軍致敬的代表團，並在途中抓住每次機會，跑在他焦慮又氣喘吁吁的看守者前面，想辦法採集植物，再將其藏在手帕中。他同時也獲得一次拜訪溫室的機會，並花光

所有積蓄購買來自偏遠地區的「稀有植物和種在盆栽裡的樹木」。鄧伯在1784年出版了《日本植物誌》（*Flora Japonica*）一書，但他的另一本著作《日本動物誌》（*Fauna Japonica*）則是要到他死後才會出版。《日本動物誌》是在1833年由菲利普・法蘭茲・馮・西博德（Philipp Franz von Siebold）接續完成，他是第3個以到出島擔任醫生為由，尋找日本植物祕寶的好奇歐洲博物學家，而這3人都不是荷蘭人。

西博德生於巴伐利亞烏茲堡（Würzburg）的醫生世家，長大後也成為專業眼科醫生，他受到同鄉亞歷山大・馮・洪堡德前往南美的冒險啟發（參見第258頁），加入了荷屬東印度公司的軍隊，以便前往東方，最終於1823年8月抵達出島。西博德在這裡的責任不只是擔任醫生，同時也要為荷蘭共和國蒐集商業、政治、軍事情報。和早他一步抵達的鄧伯一樣，西博德也和他的日本口譯以及幾名日本科學家，包括博物學家和醫生等，建立了良好的關係。

某次西博德成功治好一名當地重要官員後，獲准能夠治療長崎其他病患，他看病從不收錢，但總是很樂意接受任何擁有文化或民俗價值的物品，以及他能塞進出島小小花園中的

所有植物。1824年,幕府允許西博德在長崎郊區開設私塾,學生蜂擁而至,想要了解西方醫學的最新發展,特別是眼科醫生,都非常想要學習西博德在白內障手術中運用顛茄放大瞳孔的技術,當時日本還不了解這種技術。西博德會用荷蘭文示範手術和講課,再由他的學生翻譯成日文,學生也會以荷蘭文撰寫與日本醫學或其他主題相關的論文,這些資料都為西博德回到歐洲後出版的重要書籍《日本》(*Nippon*)提供了珍貴的貢獻,而書中很大一部分其實是源自日本人。私塾附近還有西博德的第2座花園,裡面同樣塞滿他採集的植物,有些則是從日本各地專程送來給他的。

1827年,輪到西博德前往江戶晉見幕府將軍,他在這裡認識了皇室的眼科醫生,並說服他用繡有德川家族紋飾的小袖(現代和服的前身),和自己交換魔法般的顛茄。在同一趟旅程中,西博德也獲得了好幾份由日本一流製圖師繪製的地圖,他和幕府的天文學家達成協議,以俄國最近一次環球探險的違禁書籍和其交換;這個時候日本人已遭禁止造船出海長

達200年。而不管是對獲得地圖的外國人或提供地圖的日本人來說,交換地圖的行為都是可以判處死刑的嚴重叛國罪。

西博德差點就賠上小命,荷蘭商人早就是技術高超的走私客(他自己就曾分享過一件趣事,有個荷蘭人被抓到試圖用他超寬的馬褲走私鸚鵡,要不是鸚鵡突然開口說話,那他肯定

高山繡球花變種「*Hydrangea serrata* var. *japonica*」,
取自《本草圖譜》,1835年~1844年。
《本草圖譜》是岩崎灌園的偉大植物學作品,他又名岩崎常正。

不會失風遭逮），地圖和小袖原先已和大量打算運往比利時的植物標本，成功裝上前往歐洲的船隻，這批標本有許多都是日本植物學家伊藤圭介的禮物。就在船隻即將啟航時，劇烈的風暴襲擊長崎，拯救船隻的過程中，西博德的秘密勾當東窗事發，後果非常慘烈，他的聯絡人高橋景保被迫切腹謝罪，西博德則被指控為俄國間諜，因而受到軟禁。

經過一年的軟禁後，西博德於1829年10月22日遭日本驅逐出境，啟航前往巴達維亞，告別的場景宛如歌劇《蝴蝶大人》，西博德的2歲女兒和他的日本「老婆」楠本瀧在港邊的小船上揮手和他送別，因為她們無法和西博德一同離開。由於出島禁止外國女子，配給荷蘭人日本「家政婦」算是不成文的規定，但是自從16歲的楠本瀧，從長崎的紅燈區丸山來到出島以後，她的工作很明顯就不只是撢撢灰塵而已。西博德待在出島的6年間，兩人都住在一起，而且楠本瀧看來也是真心愛上西博德，在他遭到驅逐出境一年多後的信件中，楠本瀧提到她的心痛和兩人之間的回憶，她感嘆道：「我日日夜夜以淚洗面。」

她也提及兩人的女兒楠本稻總是吵著要找爸爸，楠本稻日後將成為首屈一指的婦產科醫生，同時也是日本第一位女性西醫。信末楠本瀧以她的藝名「其扇」署名，不過西博德通常稱她為瀧小姐，他後來在私塾附近發現一種花朵特別碩大的繡球花時，也用楠本瀧的名字命名為「*Hydrangea otaksa*」。即便學界已不再將其視為獨特的物種，而是繡球花的多種變種之一，園藝家仍是將其當成充滿歷史意

西方商人只能在小小的人造島「出島」上活動，
和日本本島僅由一座重兵看管的橋樑連結。

義的品系,以碩大的花朵和亮綠色的葉片聞名,而在西博德當初採集的標本上,也刻有楠本瀧的藝名。

1830年,西博德回到歐洲,定居在荷蘭萊頓,並為這段長崎遠航中存活下來的80株植物,包括竹子、杜鵑花、山茶花、百合花、繡球花等,在萊頓著名的植物園中建立了一座異國溫室。另外,西博德和德國植物學家約瑟夫·傑哈德·茨卡里尼(Joseph Gerhard Zuccarini)合作撰寫的兩大冊《日本植物》(Flora Japonica),也在1835年~1842年間出版。

1853年,美國海軍准將馬修·培里(Matthew Perry)率領艦隊叩關日本,逼迫幕府開港和西方貿易,長崎於1859年便以通商口岸的身分開放,西博德的驅逐令也於不久後撤除,他於是回到日本尋找楠本瀧。但經過這30年流逝的光陰,兩人都已各自再婚,西博德甚至帶著他身形魁梧的13歲兒子同行。來到日本後,西博德隨即迷戀上另一名年輕日本女子,還讓對方懷孕,他的女兒楠本稻因而深感

西博德看著小船拖曳一艘荷蘭船隻進入長崎港,
身旁是他的愛人楠本瀧和他們襁褓中的女兒。
由日本藝術家川原慶賀繪製,他曾和西博德在出島合作,紀錄植物和動物標本。

不齒，決定和他斷絕關係。

西博德這趟旅程的植物採集成果，遠比他的政治野心（他原先想謀得一官半職）和感情生活來得豐碩，他隨後便在1861年垂頭喪氣返回萊頓，不過仍帶回水亞木（*Hydrangea paniculata*）、日本酸蘋果（*Malus x floribunda*）、珍珠繡線菊（*Spiraea thunbergii*）和花朵非常美麗的高砂櫻（*Prunus x sieboldii*）。

今日有許多非常受歡迎的園藝植物，都是以西博德的名字命名，他也因此留存在世人的記憶中，如兩種美麗的玉簪屬植物玉簪（*Hosta sieboldiana*）和紫玉簪（*Hosta sieboldii*）、八角金盤（*Fatsia japonica*）、日本榲桲（*Chaenomeles japonica*），還有以久久不散的芬香在日式庭園中廣受歡迎的漂亮山紫藤（*Wisteria brachybotrys*）。

不過西博德的遺產中，也有比較不受歡迎的植物，因為正是他把有害的虎杖（*Reynoutria japonica*或*Fallopia japonica*）引進歐洲和北美洲，由於不像日本擁有能夠控制其數量的天敵，虎杖在這些地方成了入侵的外來種，全都是由西博德帶回來的那株母株繁衍而來。

惡名昭彰的虎杖，安·巴納德（Anne Barnard）繪，取自《柯蒂斯植物學雜誌》，1880年。

紫藤
Wisteria

學名：*Wisteria sinensis*

植物獵人：約翰・李維

地點：中國

時間：1816年

紫藤是豌豆家族的成員，為木質藤本植物，原生於中國中部，後在歐洲及美洲大受歡迎。欣賞紫藤非凡魅力的最佳場所，莫過於義大利歷史悠久的庭園，像是寧法（Ninfa）、勒皮耶塔（La Pietra）、佛羅倫斯的巴迪尼（Bardini）花園等，茂盛的紫藤覆蓋古老的石牆，如瀑布般從橋樑、隧道、柱廊傾瀉而下。歐洲幾乎所有的紫藤，最終都可以追溯至同一個來源，也就是19世紀一名中國商人位在廣東的花園。

1816年，英屬東印度公司茶葉助理督察約翰・李維在這座花園採集的紫藤傳至歐洲，他於1812年抵達廣東，當時廣東是中國向西方開放的唯一港口，商人只能在河岸和城牆間的幾條街道範圍內活動，要做生意也只能透過皇帝指定的廣州商人接洽，也就是公行。其中幾名商人因此成為巨富，並投入巨資興建豪奢的庭園，例如在第一次鴉片戰爭前夕以「浩官」名號行走商場的伍秉鑑，便是當時的世界首富。

庭園是舉辦盛宴的地方，宴席則將邀請重要的商人參加，以「啟官」之名為人所知的廣東商人潘振承與其兄弟，便擁有全廣東最豪華的花園，李維曾以驚嘆的口吻向喬瑟夫・班克斯提及，潘振承兄弟的花園裡有2,000~3,000盆美麗的菊花。班克斯在李維啟航前往中國前，商請他幫忙蒐集植物標本，並盡可能搜羅各式資訊，包括中國信仰和茶葉等。而李維發現紫藤的地點，則是在另一名商人朋友「崑水官」潘長耀的庭園中，潘

紫藤，取自約翰・李維中國廣東植物繪畫收藏。

長耀是用他的姪子關聯昌（或庭呱）從福建漳州帶回來的植物繁殖出紫藤，但李維無法確定紫藤是野生植物還是人為育種。

洋人每個月有3天能夠渡過珠江前往湖南，最受歡迎的景點便是充滿溫室和庭園的「花地」，對李維和園藝學會後來派往中國的羅伯·福鈞等人來說，此地可說是相當豐富的植物來源。花地的溫室種植花卉、出租盆

紫藤很快成為英式農舍花園的重要植物，
從史丹利·史賓瑟（Stanley Spencer）這幅1942年繪於庫克漢（Cookham）的畫作，
便可看出紫藤之美。

栽、販賣各式各樣的種子和植物，特別是牡丹花、菊花、蘭花、山茶花、杜鵑花，但他們仍然不願意為李維繁殖紫藤和其他野生植物，除非他先付訂金。

因此李維很有可能是自己培育紫藤，他肯定至少成功繁殖了2株，並將其妥善保存在容器中，最後再裝上船運回英國。李維用這種方式運送所有他採集的植物，小心翼翼將其存放在鑲滿牡蠣殼的箱子中，他待在中國的18年間，總計成功將數百種植物運回英國。其中一株紫藤由東印度的帆船「克夫奈爾號」（Cuffnells）負責運送，船長為勞勃・威爾班克（Robert Welbank），於1815年末離開廣東，並在1816年5月4日抵達英格蘭。第二株紫藤則由理查・勞斯（Richard Rawes）船長指揮的「華倫海斯汀號」（Warren Hastings）運送，李維本人也在船上，一同於一週後的5月11日成功返回英國。這兩名船長日後都會成為植物史上的英雄，以成功運送第一批山茶花抵達英國聞名。

李維將第一株紫藤送給充滿熱忱的倫敦園藝家查爾斯・漢普敦・透納（Charles Hampden Turner），他在搬到位於索立（Surrey）的鄉間別墅

時，也帶著這株紫藤。紫藤能夠存活下來實屬奇蹟，因為起初是種在溫度高達29℃的桃子屋附近，並在二點葉蟎的侵襲下奄奄一息，後來又移到陰暗的角落，至少有3次結凍的紀錄。

到了1819年，這株紫藤仍是保持健康，還出現在《柯蒂斯植物學雜誌》上，學名為「*Glycine sinensis*」，但李維可能會抗議學名應該叫作「*Wisteria consequana*」，以紀念他的朋友（崑水官的英文為Consequa）。1825年，這株紫藤的後代在園藝學會位於奇斯威克（Chiswick）的花園中肆無忌憚地綻放，會員還吹噓總共開了超過500朵花。

另一株紫藤的命運則平順許多，由勞斯的親戚湯瑪斯・凱利・帕默（Thomas Carey Palmer）在布羅姆利（Bromley）的花園負責照料，到了1818年便成功繁殖出後代，並送給漢默史密斯的園藝家詹姆斯・李。

1820年左右，另一座著名溫室，位在哈克尼（Hackney）的洛蒂吉斯溫室，向透納購買了一株紫藤，透過這株母株繁衍的第一批紫藤，後來以每株六堅尼*的高價售出。

1817年，李維再次啟航返回中國，他停留在英國的時間只夠他結婚

★堅尼：英國17世紀~19世紀初發行的金幣，價值約等同一英鎊。

紫藤，取自《本草圖譜》，岩崎灌園著，1835年~1844年。

（雖然他老婆並沒有和他一起前往中國），還有說服園藝學會比起直接運回乾燥標本，他應該先寄給他們描繪俱備商業潛力植物的精美繪畫，像是紫藤等；如果學會看了喜歡，再派出園藝家確保植物能夠安全返國。學會也確實這麼做了，他們1821年派出約翰・波茲（John Potts），隨後又在1823年派出約翰・丹皮爾・帕克斯（John Dampier Parks）。

李維也在中國當地組織一支藝術家團隊，我們現在只知道成員叫阿古、阿松、阿甘、阿丘、阿孔（「阿」即地位卑賤，不值一提），並在1817年~1831年間，寄回了超過900幅精雕細琢的繪畫。由於歐洲流行的精確描繪技法在中國並不存在，李維還必需親自教導他的團隊一種完全不同的繪畫風格。商人離開廣東的夏日時分，這群藝術家在李維澳門的住處辛勤工作，留下許多畫作，不少後來都成了西方未知植物的模式標本，至今都還是如此。

不過事實上，李維並不是第一個用這種方式和中國藝術家合作的西方人。整整一個世代之前的1767年，另一名英屬東印度公司的年輕商人約翰・布雷德比・布萊克（John Bradby Blake）就曾在廣東待過一段時間，他在此和一名中國男孩黃亞東成為朋友，黃亞東協助他進行中國植物的研究，並教會他一口流利的中文。1769年，布萊克再次回到廣東居住，開始編纂完整的中國自然繪畫圖鑑，並和當地藝術家麥秀（Mauk-Sow-U，音譯）合作；他在布萊克的監督之下負責精確描繪植物，黃亞東則協助植物的命名和用途。1773年，這項計畫因布萊克驟逝中斷，不過黃亞東仍來到英國，並被布萊克父親的熱情款待，後來甚至成為名人，約書亞・雷諾茲（Joshua Reynolds）爵士還幫他畫過一張肖像。麥秀和黃亞東的某些畫作則來到班克斯手上，以便供未來前往中國的植物獵人參考。

李維在1831年回到英國，當時他帶回的紫藤已在歐洲大陸和北美洲掀起一股熱潮，據說世界上最大的紫藤便生長在加州的某座花園中，但在美國東南部的某些州，紫藤卻成為一種麻煩的雜草。本文一開始介紹的紫藤又稱中國紫藤，和日本紫藤（Wisteria floribunda）不同；前者莖部纏繞方向為逆時針，花朵也沒有香氣，後者的纏繞方向則為順時針，並擁有芬芳的花朵。這兩種紫藤的野生棲地完全隔絕，但要是在花園中相遇，仍是能互相交配並生出各式各樣的雜交種，可以長達20公尺、莖部寬達30公分，甚至還能推倒最強壯的樹木。

茶樹
Tea

學名：*Camellia sinensis* var. *sinensis*

植物獵人：羅伯・福鈞

地點：中國

時間：1849年

「這個著名的國家，長久以來在西方世界國家眼中，是某種仙境。」羅伯・福鈞在回憶他的中國歲月時如此寫道。18世紀中葉的英國，對絲綢、瓷器以及特別是這個仙境出產的茶葉，已出現無法滿足的巨大需求。1792年時，英國的外交使團使盡渾身解數遊說乾隆皇帝，中國人仍是不為所動。「天朝物產豐盈，無所不有，原不藉外夷貨物以通有無。」乾隆在寫給英王喬治三世的國書中寫道，如果英國人想要茶葉，他們就必需以白銀購買，同時因為中國人是唯一的供給者，他們也能掌控價格。

對壟斷中國貿易的英屬東印度公司來說，這是個很大的挫敗，中國人可能對精巧的時鐘和望遠鏡不感興趣，但有一項商品他們一定會想要，那就是鴉片——在孟加拉大量生產，經過走私進入中國，可以換得英國人所需白銀。到了1840年，中國有1,000萬人對鴉片上癮，朝廷因而想方設法想要打擊鴉片的非法交易。英國為了維護自己販賣毒品的權利，於是發動了第一次鴉片戰爭，這個舉動可說是讓國家蒙羞，但戰爭的結果卻為英國帶來大大的好處。

1757年以來，外國商人都只能在廣東一小片受到重兵看管的區域活動；鴉片戰爭過後，英國人得到了香港接下來155年的控制權，並獲准前往其他4座「通商口岸」交易。但對中國來說，1842年的《南京條約》代表的則是「百年國恥」的開始，排外情結也陸續高漲。

倫敦園藝學會正是在這樣緊張的

茶樹，取自《茶樹的歷史》（*The Natural History of the Tea-tree*），
J・C・萊森（J. C. Lettsom）著，1799年。

Green Tea.

Fig.15.

Fig.16.

Fig.12.

Fig.13.

Fig.10.

Fig.14.

Fig.1.

Fig.4.

Fig.5.

Fig.2.

Fig.3.

Fig.6.

Fig.7.

Painted & Engrav'd by J. Miller.

Publish'd according to Act of Parliament Dec 10.th 1771.

Ternstroemiaceae.

Camellia Thea Lk.

政治局勢之下，決定派遣一名植物獵人前往中國。他兩手空空，只帶著一根他樂觀稱為「救命杖」的手杖，以及幾封介紹信。這名植物獵人，就是當時負責管理園藝學會奇斯威克花園溫室的羅伯・福鈞，他是個30歲的蘇格蘭人，雖然出身低微，也沒有受過教育，仍是讓知名植物學家暨園藝學

上色的茶樹版畫，華特・穆勒（Walter Müller）繪，
取自《庫勒的藥草圖鑑》（*Köhler's Medizinal-Pflanzen*），
F・E・庫勒（F. E. Köhler）著，1887年。

會大佬約翰‧林德利和學會的中國專家約翰‧李維（參見第78頁）留下深刻印象。學會提供的年薪少得可憐，一年只有100英鎊，福鈞還必需爭取老半天才獲准攜帶槍支，後來果然在打退海盜時派上用場。

此外，學會還有一大堆要求，像是尋找「具觀賞或實用價值、未曾在英國栽種過的植物」，並要求福鈞「蒐集中國園藝和農業相關的情報，還有中國的氣候及其對植物造成的影響」，甚至還特別指定尋找「種在皇帝花園裡的巨大北京桃子」、重瓣黃玫瑰、不同種類的茶樹、製作宣紙的植物、各式各樣的竹子及其功用。

清單上還包括很多根本不存在的植物，比如藍色的牡丹和黃色的山茶花，以及那些聽起來不像真的存在，但確實存在的植物，像是擁有手掌狀果實的佛手柑和「煮熟後當栗子吃」的百合。

福鈞沒有被嚇跑，反而興致勃勃前往中國，抵達時恰好遇上颱風季，在波濤洶湧的海上航向廈門，還差點因為一隻重達14公斤的大魚從他頭上的天窗破窗而入死於非命。他搭乘的下一艘船隻則是在驚濤駭浪中飄浮了3天，才終於抵達港口，但他耗費千辛萬苦在廣東採集的兩箱植物卻不慎落水。福鈞和他的僕人好不容易容易上岸，隨即遭人持刀搶劫，因而他後來苦澀地寫道：「廈門是個充滿強盜和海盜的賊窟，當地居民則以他們對外國人的恨意及膨脹的自尊心，讓人印象深刻。」

無論如何，福鈞後來仍是安全抵達中國，並在上海好好幹了一票，他算是最早來到上海的一批歐洲人，當

荷包牡丹，當時的學名為「*Dicentra spectabilis*」，華特‧胡德‧費奇繪，
取自《柯蒂斯植物學雜誌》，1849年。

Chinese name

Kin 金 golden

Tseen 錢 coin

lung 松 pine

Young fruit.

Larix sp.

時上海和擁有優雅庭園及豐饒溫室的富庶寧波相比，還算是相當狹小和落後。但福鈞隨後發現，上海附近的區域是牡丹種植的重鎮，他在這裡獲得了許多新奇的變種，接著回到南方把他的第一批貨物寄回英國。這些牡丹一如以往種植在華德箱內，福鈞是第一個固定使用華德箱的植物獵人，而且為了降低風險，他不但把這批貨物分散在4艘船上，還挑選了他在港口中所能找到的最大船只。

也正是在這個時候，由於先前到來的植物學家已詳細踏查完中國南部，福鈞決定將他這趟旅途的重心，放在更北邊的通商口岸。但是身為一個外國人，他只能前往可以當天來回的區域，距離大約只有50公里遠。如果寧波就能提供豐富的植物，那麼在傳說中擁有中國最美花朵和女子的庭園之城蘇州，是不是會有更多驚喜等著他呢？

事情就這麼決定了，福鈞假扮成一名異常高大的中國人，穿著當地的服裝，剃光頭髮，戴上一根「早些時候某些有錢中國人會留」的茂密辮子，甚至還幫自己取了個假名「幸花」，代表幸運的花，便展開這趟危險的沿河旅程，在1844年6月抵達蘇州。雖然蘇州的溫室數量沒有福鈞想像的這麼多，他仍是帶回了一種新

的重瓣黃玫瑰、一種白花紫藤以及和山茶花一樣擁有巨大白色花瓣的梔子花。回到上海後，福鈞還在古老城牆附近的土堆中，找到優雅的秋牡丹（*Anemone hupehensis* var. *japonica*），這種植物現在也已成為歐洲庭園必備的植物。

福鈞為園藝學會完成這趟成果豐碩，沿途卻充滿困難與險阻的一年旅程後，寫了一封措辭禮貌的信要求加薪，但這群待在奇斯威克、私底下無疑非常有錢的紳士拒絕了他的要求：

「……你這趟任務的金錢回報，對你來說應該只是次要考量。以學會代表的身分前往中國，已經提供了你許多人無法獲得的機會和管道，而透過你所達成的成果，你也會得到你用其他方式幾乎不可能獲得的榮譽和地位……」

即便這麼不受園藝學會重視、感染過多次瘧疾、遭搶數次，甚至還和海盜槍戰了兩回，福鈞仍努力不懈採集植物，進行學會要求的研究，主題囊括盆栽、吊鐘花、竹子、宣紙、茶葉等，同時還把數百株植物寄回英國，並在1845年12月親自護送他認為最重要的18箱植物回國。這批福鈞最引以為傲的植物便包括金錢松（*Pseudolarix   amabilis*），他也引進了一些新奇的食物，例如小白菜、金

金錢松，不知名的中國藝術家繪，羅伯·福鈞收藏，英國皇家植物園，約1850年~1860年。

桔、莧菜、油菜等，福鈞同時也是第一個發現臺灣羊桃（*Actinidia chinensis*）的人，後來則由E・W・威爾森引進英國，屬於奇異果的一種。

福鈞記錄他東方旅程的著作《中國北方省份的三年漂流》（*Three Years' Wanderings in the Northern Provinces of China*）後來成為暢銷書，他也獲得切爾西藥草園（Chelsea Physic Garden）園長的職位，為這座即將倒閉的機構注入一股活水。但在1848年時，福鈞又再次啟程前往中國，這次英屬東印度公司用原先五倍的薪水雇用他，新任務則是要取得茶樹的種子和幼苗，以便協助在印度建立製茶產業。此外，還要找到技藝精湛的採茶工人，來教導茶葉的栽培方法和加工技術。

這場冒險後來都遭貶為商業間諜的竊盜行為，福鈞本人也從大名鼎鼎的植物獵人淪為人人喊打的間諜、騙子、小偷。但是如同為福鈞作傳的傳記作家艾利斯特・瓦特（Alistair Watt）所指出，福鈞不太可能在沒有中國茶農和商人協助的情況下，憑一己之力就把超過20,000株茶樹和9名工人運出中國。福鈞除了需要親自前往頂級茶葉的產地打理一切，包括紅茶和綠茶，還必需在正確的時節蒐集來自不同氣候區的種子，並將這些種子集結到船運地點，再運往目的地加

爾各答植物園；他還必需學習如何種植、加工茶葉。

福鈞同時也是第一個了解紅茶和綠茶並非來自不同植物，而是同樣來自茶樹（*Camellia sinensis*）的歐洲人，這在西方可說是個迷思，重點是茶葉烘焙的方式造就了其中的差異。了解這點之後，他還得找到熟習兩種烘焙方式的採茶工人，並安排他們以及製茶所需的設備前往印度待上3年，同時事先支付4個月的薪水。

此外，如果他在前往特定地區時，選擇假扮成一個來自「長城之外」省份的中國人，那麼在這個爆發激烈內戰、國力每況愈下的國家中，或許是一個聰明的做法，因為這些內戰有一部分便是由清朝無力對抗英國的義憤所激起，洋人的臉孔可能惹事生非。不過他並沒有選擇這麼做，而是維持原本的裝扮。

還有另外一點也非常重要，那就是福鈞並不是第一個將中國茶葉引進印度的人。加爾各答最早在1774年就已開始嘗試種植茶葉，1836年時，殖民地新設茶葉委員會的秘書喬治・詹姆斯・高登（George James Gordon）也獲得一大批貨物，並運用這批種子成功種植約40,000棵茶樹。1823年，人類在阿薩姆發現茶樹的另一種變種，即和中國茶樹（*Camellia sinensis* var. *sinensis*）不同的阿薩姆茶樹（*Ca-mellia sinensis* var. *assamica*），後來在印度大規模種植，出現在英國人茶杯中的就是這種阿薩姆茶葉。

福鈞前往印度視察茶樹種子的生長狀況前，還完成了兩趟成功的採集之旅。他在1852年再度回到中國，繼續擴大他的收藏，並特別為印度的實驗茶園，尋找一些頂級的紅茶茶農，最後他找到了17人。福鈞對英屬東印度公司許多茶園的管理都不甚滿意，這些茶園位於印度西北方，氣候不太適合種茶，土地不是太濕就是夏天時太乾，不然就是茶葉遭到過度摘採。這些地區的古老中國茶樹，至今仍持續出產頂級綠茶，而英國和澳洲偏好濃烈的紅茶，飲用時還要加入牛奶和糖，因此阿薩姆茶葉的雜交種更符合他們的口味。

福鈞在1858年~1859年間短暫回到中國，為美國政府採集茶樹，並試圖在受南北戰爭影響的南方各州建立製茶產業。他的最後一趟中國之旅則是在1860年~1861年間，但第二次鴉片戰爭爆發使得中國情勢更加緊張，英軍甚至還在1860年10月摧毀了圓明園。因此福鈞改道日本，並在日本發現多種桂花、報春花、顏色不那麼繽紛的東瀛珊瑚（*Aucuba japonica*）雄株（色彩斑斕的雌株已率先引進英式庭園）以及狹葉玉簪（*Hosta fortunei*，雖然現在認為這是一種古老的日本品系，而非全新的物種）。

1861年，趨緩的情勢讓福鈞能夠再次回到中國，而且這次終於抵達北京，雖然這趟旅程他沒有發現太多新植物，卻發現了許多昆蟲，總計有21種昆蟲以他的名字命名。福鈞同時也成為中國藝術品和古董的業餘鑑賞家，這使他在植物獵人生涯結束之後，仍能擁有優渥的收入，所以他去世時還算富有，這對植物獵人來說是相當罕見的情況。

福鈞在我們的花園中也留下了豐富的遺產，他總共引進了大約280種物種，適合溫暖氣候的植物在澳洲茁壯，比較寒冷的英式庭園則接收了3種十大功勞（mahonia）、2種連翹、迎春花（*Jasminum nudiflorum*）、荷包牡丹（*Lamprocapnos spectabilis*）、日本蝴蝶戲珠花（*Viburnum plicatum* 'Sterile'）等健壯的庭園植物，以及散發芳香的忍冬（*Lonicera fragrantissima*）和台灣白花藤（*Trachelospermum jasminoides*）。

瓔珞木

Pride of Burma

學名：*Amherstia nobilis*

植物獵人：約翰・克勞福、奈森尼爾・瓦立克

地點：緬甸

時間：1826年

1826年4月，蘇格蘭外交官約翰・克勞福（John Crawfurd）在第一次英緬戰爭後出使緬甸，當時他正沿著薩爾溫江而上，突然在河流的彎道處注意到奇特的圓錐狀小丘構造。小丘上遍布石灰岩洞穴，其中充滿佛教雕像，最大的洞穴有數百座，每一座前面都擺著好幾把花。洞穴附近是一座破敗的寺院庭園，克勞福在此找到花束的來源：「一棵將近6公尺高的樹，細長的錐狀花從樹上垂下，開滿鮮紅色的花朵……經過的人不可能沒看到，因為實在太美麗了，就算不懂植物學的人也會駐足。」

4個月後，克勞福把他採集的乾燥花朵拿給友人暨加爾各答植物園園長奈森尼爾・瓦立克，瓦立克幾乎按捺不住他的興奮，隨即表示這種樹應是屬於豆科，而且還是一種全新的屬。

瓦立克在隔年回到緬甸尋找這種樹木，並找到兩種人為培育的標本：「呈總狀花序，巨大繁茂的朱紅色花朵從樹上垂下，簡直無與倫比，東印度地區的植物沒有一種能夠與之一較高下，而且我認為，世界上也沒有任何植物和其一樣壯麗優雅。」這種樹在野外已經絕跡，瓦立克將其命名為「*Amherstia nobilis*」，以紀念印度總督的夫人阿美士德女爵（Countess of Amherst）和她的女兒莎拉・阿美士德（Sarah Amherst）小姐。這兩名女士都是著名的植物學家，以引進白色的繡球藤（*Clematis montana*）並成功培育而聞名。

瓦立克的緬甸探險因為生病而被迫中斷，在他回到英國養病的3年期

瓔珞木，印度藝術家毗濕奴帕薩繪，取自《罕見亞洲植物圖鑑》，奈森尼爾・瓦立克著，1830年~1832年。

間（1830年~1832年），他出版了劃時代的三大冊巨著《罕見亞洲植物圖鑑》（*Plantae Asiaticae Rariores*），主題是印度次大陸的植物。瓦立克和他的助手在1820年代期間，為加爾各答的植物園採集了將近10,000種植物，本書便介紹了他們採集的所有植物。瓔珞木艷紅色的巨大花朵引起轟動，歐洲收藏家想盡辦法都要取得一株，熱愛植物的德文郡公爵（Duke of Devonshire）便是其中一人，但這說得比做得容易，瓦立克使出渾身解數，好不容易在加爾各答成功種植瓔珞木，但他寄回歐洲的幼苗全都沒能存活。德文郡公爵和他的庭園設計師，萬能的約瑟夫·派克斯頓（Joseph Paxton），只好展開計畫，派出自己的植物獵人前往緬甸。

接下這個重責大任的植物獵人是20歲的約翰·吉布森（John Gibson），他在公爵位於德比郡（Derbyshire）的地產查茲渥斯莊園（Chatsworth House）擔任園丁，在此之前從來沒有離開過英格蘭北部。吉布森為了這項任務作足準備，輪流接受專家指導，包括派克斯頓、當時最負盛名的植物學家約翰·林德利以及洛蒂吉斯家族，他們的溫室專精異國植物，屢次使用最新的科技「華德箱」成功將植物引進英國。

結束訓練後，吉布森啟航前往加爾各答和瓦立克會合，還帶著送給加爾各答植物園的禮物，他在1836年3月悶熱的雨季安全抵達當地。

瓦立克以脾氣暴躁聞名，幾乎終其一生都在和他植物學界的敵人戰鬥，但是這次卻對這名手足無措、抵達時狀態「極其悲慘」的年輕人，動了惻隱之心。瓦立克向吉布森保證，絕對會把他送到位在卡西丘陵（Khasi Hills）的乞拉朋吉（Cherrapunji），這裡或許是地球上最潮濕的地方，但吉布森一定能夠在此找到他的主人想要的所有蘭花和瓔珞木。如果吉布森的任務失敗，無法親自前往緬甸取得瓔珞木，加爾各答還留有幾株備用的幼苗，吉布森可以拿一株給德文郡公爵，再拿一株給英屬東印度公司的高層，也就是加爾各答植物園的金主。

辛勤採集數個月後，吉布森啟程返回英國，船上載著大量蘭花，瓦立克給他的兩株珍貴瓔珞木則是裝在華德箱中，但不幸的是，給公爵的那株瓔珞木開始凋謝，最終死亡。公爵得知消息後，悲傷得不能自已，甚至還寫了一封絕望的信給英屬東印度公司，請他們把剩下那株讓給他，公爵寫道：「你們必需知道，全英國沒有半個園藝家能力和派克斯頓先生一樣好，只有他能夠成功種植瓔珞木。」但公爵的信心這次並沒有應驗，因為就算是派克斯頓神奇的綠手指也無法

說服瓔珞木開花，這株瓔珞木後來仍是枯萎死去。

1846年還有另外3株瓔珞木抵達英國，一株給皇家植物園、一株給錫恩宮的諾森伯蘭公爵（Duke of Northumberland）、一株給倫敦園藝學會，但最後依然沒有半株成功存活下來。瓔珞木最終是在一名女子的耐心照護下，才好不容易開花。1849年4月，以園藝技巧聞名的富有裁縫師女兒露易莎・勞倫斯（Louisa Lawrence）把她的貴族對手都給比了下去，她讓一株只有3.4公尺高的幼苗，成功長出了至少兩大把花朵。第一把恰好「最適合」獻給維多利亞女王，第二把則是送往皇家植物園，供《柯蒂斯植物學雜誌》描繪，文章還詳細記錄了勞倫斯使用的複雜栽培技術。

這棵小樹後來仍堅定不移持續為她綻放，直至1854年移植到皇家植物園為止，勞倫斯也於隔年過世。之後這株瓔珞木則為堅忍不拔的植物畫家瑪麗安娜・諾斯帶來啟發和靈感，她寫道：「這是第一株在英格蘭綻放的瓔珞木，讓我越來越想親眼看看熱帶。」3年後瓔珞木再度移到皇家植物園的棕櫚屋（Palm House），不久後便死亡。

幸好另一名女性，倫敦德里女爵（Marchioneess of Londonderry），仍能讓這種「全英格蘭最稀有的植物，

在一座為其量身打造的溫室」中成功綻放，1857年4月的《倫敦畫報》（Illustrated London News）如此報導，可見這在當時是個值得關住的事件。

同一時間，這種珍稀美麗的樹木，在加爾各答也成為著名的觀光景點，這讓瓦立克非常開心，因為他總是非常歡迎遊客來植物園參觀，雖然這完全不是植物園當初設立的原因就是了。

加爾各答植物園在19世紀成為所有殖民地植物園中最大的一座，同時也是重要的科學機構，但是勞勃・基德中校最初在1786年建立植物園時，並不是要促進植物學知識的進步，而是要從「最大的苦難，也就是飢餓帶來的荒蕪」中解救孟加拉人。

根據統計，1770年的孟加拉大飢荒消滅了孟加拉三分之一的人口，基德因此提議：

「建立一座植物園，不是為了蒐集珍奇的植物（雖然這類植物也有自己的用途）作為奇觀賞玩，或是拿來滿足虛榮心。建立這座植物園的目的，應該是要宣揚其收藏也能對當地居民，以及大不列顛本土的國民帶來好處，最終將會促進國家的商業發展和富足。」

基德建議種植來自其他地區的糧食作物當成實驗，像是椰棗、西米、麵包樹等，還有桃子、梨子、荔枝、

山竹等營養的新水果。他也想種植柚木拿來造船，因為當時硬木很顯然已供不應求。

在1857年印度兵變（Indian Mutiny）前，印度的實質統治者是英屬東印度公司，基德的提議也轉達給他們的民間顧問喬瑟夫·班克斯爵士。班克斯得知後非常雀躍，腦海中想像的是「一個殖民地植物園的網路，可以當成植物獵人的基地，同時也是農作物的實驗花園⋯⋯這些將會促進殖民地的經濟發展。」植物園之間以促進科學進步為由，彼此交流植物已有悠久的歷史，現在更是能以系統化的方式進行，從類似的氣候區引進植物，可以對當地居民和整個殖民帝國帶來助益。

歐洲國家和其殖民地的財富有很大一部分來自植物，荷蘭早在1694年便於南非開普敦設立植物園，以促進植物在全球的流通。英屬東印度公司當然可以看見其中的商業利益，擁有廉價勞力的印度，將因此成為原料、藥草，甚至肉豆蔻、肉桂、丁香等珍貴香料的主要供應來源。而這背後當然也有政治意涵，英屬東印度公司背負著加劇飢荒的臭名，他們因此能夠把基德提出的人道計畫，當成自身進步統治的證據。

1793年基德過世，繼任的威廉·羅斯堡（William Roxburgh）和他不同，是名專業的植物學家，他早先便已在馬德拉斯（Madras，現清奈）的一座小型植物園中，成功引進咖啡、肉桂、肉豆蔻、胡椒、桑葚、麵包樹。羅斯堡上任不到一年後，就開始嘗試在印度各地種植柚木、大麻、木蘭、咖啡、菸草等植物，班克斯則是認為應該再嘗試種植糖、香草以及巧克力。即便羅斯堡也一邊在加爾各答植物園種植香料和椰子等食物，他仍是想辦法帶領植物園朝科學的方向發展，到他退休時，植物園內總計有3,500種植物，他上任時只有300種而已。

羅斯堡還花了超過30年的時間，編纂了一本詳盡的印度植物大全，本書在他死後以《印度植物考》（*Flora Indica*）之名出版。而他在加爾各答植物園則是留下了超過2,542種植物的實體比例彩繪，這批偉大的遺產目前保存在皇家植物園中。

羅斯堡也是頭幾個和當地藝術家通力合作的西方植物學家，他相當欣賞印度微型畫家精巧的技藝，並將其應用在精確描繪植物上。他的繼任者奈森尼爾·瓦立克也如法炮製，《罕見亞洲植物圖鑑》裡精緻的插畫，主要都是出自兩名加爾各答植物園的印度藝術家毗濕奴帕薩（Vishnupersaud）和葛拉臣（Gorachand）。

〈瓔珞木之葉與花，繪於新加坡〉
（*Foliage and Flowers of the Burmese Thaw-ka or Soka Painted at Singapore*），
瑪麗安娜·諾斯繪，1876年。

瓦立克可說是羅斯堡最驕傲的發現，他來自丹麥，原先是一名醫生，於1808年英軍攻陷賽蘭坡（Serampore）時淪為俘虜，後來迅速把握機會在植物園中掙得一席之地。1815年，瓦立克接任羅斯堡成為加爾各答植物園園長，從此將人生奉獻給植物園長達30年，並曾前往尼泊爾、西興都斯坦、新加坡等地採集植物，繼續補充羅斯堡的《印度植物考》。瓦立克還將加爾各答植物園龐大的植物標本收藏與歐洲及北美的其他科學機構分享，並努力嘗試在印度種植新的經濟作物，特別是金雞納（cinchona）和茶葉。

加爾各答植物園也成功將多達數萬種新植物引進其他地區，範圍擴及印度各地及其他大陸，像是第一種喜馬拉雅杜鵑——樹形杜鵑（*Rhododendron arboreum*）的種子，便是保存在一罐罐的黑糖中運至歐洲。瓦立克同時也積極對抗英屬東印度公司為了取得硬木對印度森林的剝削，呼籲應採取永續的林業措施、資助國營的柚木種植，並種植更快成熟的替代林木——印度黃檀（*Dalbergia sissoo*），但他們當然一項都沒聽進去。

1842年，瓦立克的健康狀況再度惡化，被迫請病假離開加爾各答。聽聞植物園將暫時由觀念前衛的年輕植物學家威廉·格里菲斯（William Griffith）照料時，瓦立克簡直嚇壞了，因為格里菲斯不僅是他的敵人，還認為他是個老古板。瓦立克的恐懼果然應驗，他回來後發現原先成蔭的香料樹林遭到砍伐、花床被挖得體無完膚、植物園最引以為傲的蘇鐵大道甚至整條消失不見。

格里菲斯認為加爾各答植物園還不夠科學，一上任便建立3座新的展示園，其中2座採用完全不一樣的植物分類系統——格里菲斯用他支持的現代「自然系統」，來取代瓦立克偏好的傳統林奈系統。幸好第三座展示園的主題是印度植物，所以瓔珞木逃過一劫，但因為根部缺少遮蔽，它們在土壤的高溫烘烤下幾乎奄奄一息。

瓦立克從來沒能從這次打擊中恢復，他努力撐到可以拿退休金的年紀，接著便退休回到英國。1864年，瓦立克過世後10年，猛烈的颶風襲擊加爾各答，海嘯甚至把兩艘船打進植物園中，但植物園仍挺過這場大難，並在19世紀末成為大英帝國第二重要的植物園，僅次皇家植物園，也算是配得上帝國的第二大城巾加爾各答。而瓦立克的瓔珞木，也成為加爾各答植物園最驕傲的收藏，至到今天依然如此。

羅斯堡有一幅畫作是描繪來自馬達加斯加的優雅樹木旅人蕉（*Ravenala madagascariensis*，
當時的學名為 *Urania speciosa*），那時加爾各答引進了3棵旅人蕉，
各自種植在不同的土壤和環境中，他發現種在最潮濕環境的那棵長得最好，
同時也是第一棵開花的。威廉·羅斯堡收藏，英國皇家植物園，約1800年。

杜鵑花
Rhododendron

學名：*Rhododendron*

植物獵人：喬瑟夫・道爾頓・胡克爵士

地點：印度錫金

時間：1849年

1871年，英國園藝作家雪利・希伯德（Shirley Hibberd）寫道：「20年來這個國家在杜鵑花上花費的金錢，幾乎足夠支付國債。」園藝一直都是一項相當競爭的活動，而對維多利亞時代初期的工業鉅子（類似今日的科技巨頭）來說，杜鵑花就是一種完美的植物。

杜鵑的花朵非常茂盛，顏色又鮮豔，而且從很遠的距離便可以欣賞。花期雖然短卻不是個問題，因為這時候的花園還不需要一年到頭提供娛樂，加上孕育杜鵑花的灌木也是當時相當流行的綠色。最重要的是，杜鵑花昂貴的價值和新奇的異國起源，因為來自冰天雪地的喜馬拉雅山，都讓主人的地位水漲船高。所以在短短幾年內，杜鵑花便成為非常熱門的植物，不管是對郊區新興中產階級花園中的灌木叢，或是超級有錢人拿來當作消遣的花園皆然。

這股1850年代起襲捲歐洲北部和美國的杜鵑花狂熱，可說是由喬瑟夫・道爾頓・胡克爵士帶起。1848年~1851年間，胡克前往印度北部和喜馬拉雅山區，展開為期4年的旅程，將43種杜鵑引進歐洲，其中25種是初次發現，大都來自錫金（Sikkim）王國。

杜鵑在後來幾次種植熱潮中適應都非常良好，一開始是種植在所謂的「美式」庭園，以紀念約翰・巴特蘭（參見第222頁）將其引進美國，接著則是以更為正式的方式，成為標本或成群出現在草皮上。胡克的旅行札記在1854年出版後，植物園開始出現

哈吉森杜鵑，取自《錫金─喜馬拉雅山區的杜鵑花》，喬瑟夫・道爾頓・胡克著，1849年~1851年。

Tab. X

Tab. I.

RHODODENDRON DALHOUSLÆ, Hook. fil.

(in its native locality)

長藥杜鵑，取自《錫金—喜馬拉雅山區的杜鵑花》，
喬瑟夫・道爾頓・胡克著，1849年~1851年。

「喜馬拉雅區」，如果資金充裕，範圍甚至會遍及一整座山谷。到了19世紀末期，博物學風潮又再度興起，連帶使得森林花園崛起，杜鵑花又自成一類，為低矮的灌木提供各式耀眼鮮豔的風景。

1848年，胡克前往印度時，早已是個經驗豐富的探險家，他22歲時就以助理醫生和植物學家的身分，登上詹姆士・克拉克・羅斯船長的「幽冥號」（Erebus），展開尋找地磁南極的旅程。在這段為期4年的旅程間，探險隊盡其所能繪製廣袤南極大陸的地圖，航向浮冰以探索未知的海洋、山脈、冒煙的火山、無法穿越的冰崖；胡克則是在所有可以登陸的地方，採集植物和動物，包括紐西蘭、福克蘭群島、火地島等地。

當胡克坐在某個亞南極地區島嶼上的一株植物上時（這是幫助其降溫，以便從凍土拔出植物的最佳方法），他和前輩洪堡德（參見第258頁）一樣，開始思考為什麼植物有辦法生長在這種地方。

胡克將在往後40年間，和他最要好的朋友查爾斯・達爾文，孜孜不倦地辯論這個問題。胡克回國後不久，達爾文便邀請他一同分類他從小獵犬號的旅程帶回來的植物，也正是在1844年1月一封寫給胡克的信中，達爾文初次揭露了他覺得物種「並非亙古不變」的想法。這在當時是相當非主流的觀點，就和「承認自己殺了人」一樣令人不適，此後兩人保持通信，達爾文也開始為他的天擇演化論蒐集證據。

1858年6月，達爾文收到一封來自阿佛雷德・羅素・華萊士（Alfred Russel Wallace）的信，信中提出的理論框架和他自己的幾乎一模一樣，胡克和查爾斯・萊爾（Charles Lyell）於是在林奈學會出面擔保應該同時審查兩人的論文。1860年6月30日，胡克也在牛津大學博物館歷史性的「演化大辯論」中，出面捍衛達爾文的觀點，胡克同時也是頭幾個在科學著作中支持達爾文理論的學者，雖然有點語帶保留，那本著作便是他的《塔斯馬尼亞植物》（Flora of Tasmania）。因此當胡克準備啟程前往印度時，他有一長串需要為他朋友找尋的答案，包括地質學、動物學和植物學。

這趟印度之旅是由胡克的父親威廉・傑克森・胡克爵士促成，他在1841年擔任英國皇家植物園首任正式園長。和他的前任班克斯相同，老胡克下定決心要讓皇家植物園變成世界上最重要的科學據點，也如他的導師般在官員間長袖善舞，並成功籌措資金，讓自己的兒子代表植物園出外採

集植物。加爾各答植物園的園長休‧法康納（Hugh Falconer）和負責批准這趟旅程的海軍大臣奧克蘭伯爵（Lord Auckland）——因為胡克名義上還是受雇於海軍——都建議把錫金當作目的地，錫金是個位在喜馬拉雅山區的偏遠王國，夾在西邊的尼泊爾和東邊的不丹之間，還沒有半個人歐洲人曾經踏足這塊土地。

胡克在1848年4月抵達喜馬拉雅山腳的大吉嶺（Darjeeling），並認識布萊恩‧霍頓‧哈吉森（Brian Houghton Hodgson）這名擁有「文藝復興時代學者般無比智慧」的非凡人物，他身兼藝術家、鳥類學家、民族學家、語言學家、佛教專家、梵文手稿收藏家等身分，同時還是前英國駐尼泊爾外交官，但因和上級意見分歧而離職。哈吉森退休後住在大吉嶺附近的小屋中，坐擁當時世界最高峰干城章嘉峰（Kanchenjunga）的絕美景緻，讓胡克喜出望外的是，哈吉森竟邀請他前往小屋一敘，並慷慨分享他的知識和經驗。

胡克發現的許多杜鵑花，像是長藥杜鵑（Rhododendron dalhousieae）和坎貝爾杜鵑（Rhododendron campbelliae）等，都相當具有騎士風範的以行政長官的夫人命名，這些長官在旅途中都曾幫助過他。然而胡克在為哈吉森杜鵑（Rhododendron hodgsonii）命名時，他認為這是整個錫金山谷中最特別的樹木和灌木，完全出自他對自己那位「卓越朋友和慷慨主人」的尊敬，胡克覺得哈吉森的學識淵博到「已不知從何稱讚起」。

胡克後來在1849年~1851年間出版的《錫金—喜馬拉雅山區的杜鵑花》（Rhododendrons of the Sikkim-Himalaya），這本記錄他所發現杜鵑花的3大冊巨著中，描述了哈吉森杜鵑「雄偉」巨大的葉片、「鮮豔的深綠色澤讓人印象深刻」和「木材堅毅的本質」。胡克還提及哈吉森杜鵑的木材可以拿來製作杯子、湯匙、勺子、犛牛的鞍座，葉片則是能「當成『盤子』盛裝食物，我們習慣的奶油或乳製品，總是能安穩待在光滑的葉片上。」

進入錫金也絕非易事，錫金當地的外交官亞契伯‧坎貝爾（Archibald Campbell）想盡辦法才讓胡克獲得許可，能夠進入尼泊爾東部山區的藏人聚落，並在回程取道錫金，而他後來也成為胡克的好友。胡克這趟旅程為皇家植物園採集的標本需要80名腳伕才扛得動，不過大部分甚至都沒能撐到加爾各答。接下來要一直到1849年5月，胡克才能展開更大規模的探險，因為錫金的酋長擔心惹怒他們北邊

強大的鄰居中國。當時西藏受中國統治，而且胡克並不像大衛·道格拉斯（參見第228頁）一樣低調，他帶著一支超過50人的團隊，包括爬樹專家、獵人、腳伕、護衛等。

團隊中最重要的是可靠的雷布查人，他們每天晚上都能在一個小時內搭好擁有「一張桌子和床架的防水屋」，讓胡克可以拿著雪莉酒舒舒服服檢視當天的收穫。在印度總督的壓力之下，錫金酋長心不甘情不願讓步，卻使錫金的首長暨實質統治者相當不滿，因而處處阻礙胡克的探險。村民收到指示，拒絕提供胡克一行人食物和住宿、破壞渡過重要河口的橋樑、想方設法阻止胡克進入西藏，他只好保證不會進入。

此外，胡克還必需應付喜馬拉雅山區的嚴苛自然條件，包括持續在高海拔地區上上下下、一不小心就可能摔下深淵的陡峭小徑、嚴寒的夜晚、令人目盲的暴風雪等。胡克深受高山症折磨，忍受持續好幾個小時的頭痛，但這並沒有阻止他登頂5,880公尺高的當洽山（Donkia），這是當時歐洲人登上的最高峰。此外，胡克這趟旅程恰好遇上雨季，所以他總是渾身溼答答的，每天都受雲霧環繞，每晚還要從身上挑下上百隻水蛭。

1849年10月，坎貝爾在錫金和胡克會合，他在和駐紮邊境的衛兵交涉時，胡克竟強行突破邊境進入西藏，還想擺脫身後的追兵，這趟冒險將會讓他在餘生中再三回味。然而胡克的奇襲卻給了錫金首長名正言順的理由，使他得以逮捕並折磨坎貝爾。即便胡克本人沒有遭到正式逮捕，他仍是和朋友一起被關了好幾週；直到英軍調動部隊開往邊境，威脅入侵錫金，兩人才倉促獲釋。

幾個月後英國便併吞了一部分的錫金，不過胡克對這次事件的政治結果不太在意，反而比較在意他失去的眾多標本。而胡克繪製的錫金地圖也成了軍方併吞領土的工具，這片區域後來用來種植金雞納和茶葉。

胡克的最後一趟印度遠征則是和老朋友湯瑪斯·湯姆森（Thomas Thomson），一同前往阿薩姆邦的卡西丘陵，他也用好友的名字命名了半圓葉杜鵑（*Rhododendron thom-sonii*）。兩人後來還會一起編纂《英屬印度植物》（*The Flora of British India*）這本巨著，也因此吵得不可開交。但在這趟旅程中，他們只能垂頭喪氣地看著採集者將森林開腸剖肚，裝滿了好幾籃蘭花。

1851年1月，胡克離開印度，他的父親對他這趟旅程的收穫不甚滿意，但胡克憤憤表示：「找到這些東西是

一回事，要活著帶回來又是另外一回事，特別是如果你在3~4公尺高且永無止盡的杜鵑叢中披荊斬棘努力開出一條路，脛骨的瘀青和我一樣多的時候，你再看到同一片美景也只會和我一樣覺得噁心。」胡克在5,790公尺的高山上，發現他上次在南極洲海平面高度找到的同一種苔蘚時，反而還更興奮。此外，他在完全不同的氣候帶之間跋涉時，也記下了植物是如何迅速適應環境，有時候甚至在一天之內，景觀就會出現劇烈的改變。胡克對觀察非常入迷：「往北走你會發現不同屬的生物取代其他屬的生物，自然秩序取代自然秩序。往東走或往西走（像是沿著山脊往西北方或東南方前進），你則會發現一個物種取代另一個物種，不管動植物都是。」

胡克在父親的協助下出版了《錫金——喜馬拉雅山區的杜鵑花》，書中含有華特・胡德・費奇根據他的田野素描所繪的精美插圖，1854年他則是出版了《喜馬拉雅日記》（Himalayan Journals），不久後便成為暢銷書。1855年，胡克同樣靠著父親的幫助得到了皇家植物園副園長的職位，並在10年後正式成為園長。在他的領導下，皇家植物園終於成為當初喬瑟夫・班克斯夢想中的研究中樞暨帝國的植物樞紐，透過遍及全球的植物園網路，讓重要的經濟作物得以流通。

胡克的知名事蹟包括親自監督將金雞納運往印度及錫蘭（今斯里蘭卡），並從巴西運回70,000顆橡膠樹（Hevea brasiliensis）種子。這批種子在皇家植物園發芽後，幼苗再送往錫蘭和新加坡，最後僅靠22株幼苗就建立了馬來西亞龐大橡膠工業的基礎。

胡克相當長壽，可說是英國植物學界的活傳奇，他還花了25年的時間和喬治・邊沁（George Bentham）一同編纂《植物總屬》（Genera Plantarum）這本巨著，試圖囊括所有種子植物。胡克不僅獲頒勳章、受封騎士，還成為皇家學會的會長，這是班克斯之後再次由植物學家擔任會長一職。他也曾擔任羅伯特・史考特（Robert Scott）南極遠征的顧問，晚年則醉心於鳳仙花屬（Impatiens）的研究，但讓他流芳百世的仍是杜鵑花。

1848年，胡克抵達印度時，人工栽配的杜鵑花還只有33種，包括在上流階層間非常受歡迎的彭土杜鵑（Rhododendron ponticum）、數種美洲杜鵑以及奈森尼爾・瓦立克1827年引進的樹形杜鵑。目前經過命名的杜鵑變種則是有超過20,000種，皇家植物園還有一座「杜鵑谷」，專門展示胡克最珍貴的遺產，這些杜鵑至今依舊綻放。

半圓葉杜鵑，取自《錫金一喜馬拉雅山區的杜鵑花》，喬瑟夫・道爾頓・胡克著，1849年~1851年。

Tab. XII.

J.D.H. del. Fitch lith.

Reeve, Benham & Reeve, imp.

RHODODENDRON THOMSONI, Hook. fil.

珙桐／鴿子樹
Handkerchief tree

學名：*Davidia involucrata*

植物獵人：E‧W‧威爾森、韓爾禮

地點：中國西部

時間：1897年、1901年

　　韓爾禮醫生是個耐不住無聊的人，這個年輕的愛爾蘭醫生在1881年抵達中國，擔任大清皇家海關總稅務司的低階職員，後來分派到湖北省的偏遠城市宜昌，此地距離長江出海口上海有1,000多公里遠，而他的工作也相當乏味。大清皇家海關於1854年成立，負責管理通商口岸的海關事務，通商口岸後來則由外國勢力掌控，所以雖然海關名義上是屬於中國朝廷的機構，實際上卻是由英國人管理，官員也大都出身英國公學。除了無止盡的網球比賽和打牌聚會外，韓爾禮還找到了另一項消遣，那就是博物學，他開始研究中國鄰居使用的草藥，並逐漸開始對附近未經探索的植物產生濃厚興趣。

　　1885年起，韓爾禮把所有空閒時間都投入植物學，他到山區完成了兩趟長途植物採集之旅，並鼓起勇氣寫信給英國皇家植物園的園長喬瑟夫‧道爾頓‧胡克。他承認自己對植物學所知不多，但要是能夠幫上忙，他很樂意把標本寄回英國。此外，這也是個非常好的通信理由，「通信是這場還算健康的放逐之旅中，唯一的慰藉，能夠在低潮時給他鼓勵……這是我們僅有的歡樂。」

　　以上便是這段豐厚友誼的起點，在接下來15年間，韓爾禮總共寄了158,000件標本回英國，包括6,000種物種，其中將近2,000種是首次發現。在這些標本中，便包含一棵他在1888年5月發現的未知樹木，樹上開滿了美麗的花朵，就像「揮舞著無數幽靈手帕」。秋天到來後，韓爾禮又從「手

珙桐，瑪蒂達‧史密斯繪，
取自《柯蒂斯植物學雜誌》，1912年。

108

帕樹」上摘下了一些核桃大小的堅硬綠色果實，之後便把包裹寄回皇家植物園。

植物園的標本管理員丹尼爾・奧立佛（Daniel Oliver）相當感興趣，他認為這種樹木屬於法國傳教士譚衛道（Père Armand David）1869年新發現的珙桐屬（*Davidia*），但韓爾禮發現標本之處卻距離上千公里遠。奧立佛還寫道，這種樹很值得「特別前往中國西部一趟，以發掘將其引進歐洲庭園的可能性」，但是雖然奧立佛讚譽有加，他收到的種子不是根本從來沒播種過，就是無法成功發芽。

韓爾禮也相當贊同奧立佛的意見，他後來寫信給胡克的繼任者威廉・西賽頓・戴爾（William Thiselton-Dyer），表示「中國植物豐富又美麗，也非常適合歐洲的氣候，因而應該可以嘗試組織一支小型探險隊……」，韓爾禮還堅持，這項任務應該由一名專業植物學家領導（他本人並不是），而且這個人在發現植物後，還要有時間和技巧再回來一趟採集種子（他自己也沒有辦法）。

韓爾禮甚至感嘆道：「我現在發現，在我前幾趟植物採集中，可能還有數百種有趣的植物我沒有注意到，要是我有更多相關經驗、天賦或曾受過訓練，那該有多好。」時間是最重要的因素，隨著韓爾禮在不同單位間轉調，他越來越相信中國不僅有很多植物等著被發現，這些植物還相當脆弱，每天都有數千種珍稀植物因濫伐和燃料用途遭到破壞。他在現今的中越交界處，更曾親眼見證整片森林消失。

韓爾禮的看法和哈佛大學阿諾德植物園（Arnold Arboretum）的園長查爾斯・史普雷・沙金特（Charles Sprague Sargent）不謀而合，沙金特曾公開表示中國植物是「目前全世界最有趣的一種，而且對美國帶來的洞見甚至遠勝其對歐洲的貢獻，因為中國在許多方面，包括大河、大山、氣候等，都和美國完全相反。」沙金特非常想要得到中國植物的種子，因此在1890年代末期不斷拜託韓爾禮親自出馬率領一支探險隊，但韓爾禮總是回絕，他想回家：「這可能聽起來很荒謬，但要忍受和此地一樣的隔絕、孤獨、單調，其實非常困難。」

這時韓爾禮已經轉調到雲南省的思茅，他曾懷疑他總是被調到這麼偏僻的地方，是不是因為他的長官知道他熱愛植物，但也正是在此地，就在他將永遠離開中國之際，他長年等待的植物獵人終於出現。皇家植物園本來因為巨額的花費退縮，但他們把這個想法告訴英國第一溫室「維奇溫室」的主人哈利・維奇（Harry Veitch），他們早就以聘請植物獵人而聲名遠播（參見第56頁及236頁）。雖然維奇非常篤定中國所有一流的觀賞性植物早就都已經找到了，他仍同意韓爾禮的看法，認為光是珙桐就「價值連城」。

因此，E·W·威爾森，一名前途光明、將來想成為植物學教授的前皇家植物園學生，發現自己就要航向中國，肩負一項和詹姆士·龐德一樣的機密任務：

「這趟旅程的目的，便是要蒐集大量的種子，它們來自一種我們已經知道名字的植物。目的只有這個，不要把時間、精力、金錢浪費在其他地方。為了協助任務進行，你要先想辦法在雲南思茅找到韓爾禮醫生，他會告訴你這種植物棲地的確切資訊，並大略介紹中國中部的植物情況。」

紙上談兵總是比較容易，1899年6月威爾森抵達香港，卻發現當地瘟疫盛行。他又花了3個月才抵達思茅跟韓爾禮會合，過程千鈞一髮，除了要渡過湍急的河水，還得躲避緊張的政治情勢，當時義和團正在崛起，所有洋人都是洋鬼子。韓爾禮非常滿意他這位年輕的訪客，相當確信他能完成任務，雖然威爾森半句中文都不會講，但他「性情平和穩重，這是在中國旅行和工作的必備條件」。

韓爾禮傾囊相授，並告訴威爾森要在中國成功採集植物，需要時間和耐心，他也銘記在心。韓爾禮還從筆記本撕下一張紙給威爾森，上面「描繪著一大片區域的地圖，大小和紐約州差不多」，在這片大約50,000平方公里的區域中，用鉛筆畫的簡略叉叉標注了那棵珙桐的確切位置。

不久後韓爾禮便心懷感激回到英格蘭，他先花了一些時間分類他寄回皇家植物園的收藏，接著又展開了第二段精彩人生，這次是林業。同時威爾森正度過重重險阻抵達宜昌，開始尋找韓爾禮傳說中的寶藏。說來不可思議，1900年4月25日，威爾森成功抵達馬黃溝這個小村莊，當地居民還記得當年那個奇怪的「洋鬼子」看到某棵樹後狂喜的模樣。他們非常好心，帶著這個新來的瘋子前往他指定的地點，但一顆心七上八下的威爾森抵達目的地後，看到的卻是一座全新的漂亮木屋，旁邊是韓爾禮那棵珙桐的樹墩，他千里迢迢橫越了半個地球卻什麼也沒找到。

那麼接下來該怎麼辦呢？他可以再往西走1,600公里抵達西藏邊界，到譚衛道當初發現珙桐的地方；或是他可以在這裡繼續尋找，因為韓爾禮相當確定森林裡應該還有更多珙桐。威爾森同時也違背老闆維奇的指示，開

始採集各種植物，包括美麗的血皮楓（*Acer griseum*）、兩種常見的鐵線蓮──疏序鐵線蓮（*Clematis armandii*）和繡球藤的變種「*Clematis montana* var. *rubens*」──以及多汁的藤本植物，現稱奇異果的臺灣羊桃。

3週後的5月19日，威爾森便發現了一棵開滿花的珙桐；接著在5月30日晚上，他投宿的農人小屋時，威爾森抬頭一看，便在上方陡峭的山坡上，發現夜色籠罩下一大片閃爍著白光的珙桐。但無論是登上山坡，或是爬上鄰近的樹木為珙桐雪白美麗的花苞拍照，都困難重重，威爾森記錄道：「樹木嬌豔欲滴，但當你跨坐在10公分粗的樹枝上，稍有不慎就會摔下幾十公尺高時，這樣的想法並不會讓你感到平靜。不過一切都很順利，我們也在這片美麗樹木的襯托下舉杯共飲。珙桐的花苞成雙成對，其中一

獼猴桃屬植物，不知名藝術家繪，威廉·柯爾中國植物收藏，
英國皇家植物園，約1803年~1806年。

個幾乎是另一個的兩倍長，從嬌小的紅色花朵基部兩邊垂下，和緩的微風吹拂時，就像有兩隻巨大的蝴蝶在樹木間飛舞嬉戲。」珙桐飛揚的輕薄花苞數量非常多，因此開滿花的珙桐如同覆蓋了一層雪花，威爾森如此作結：「對我來說，珙桐瞬間就成為北半球溫帶最饒富興味，也最美麗的一種植物。」

1902年4月，威爾森帶著（又稱「鴿子樹」或「幽靈樹」）的種子回到倫敦，他的老闆維奇非常高興，甚至還送他一支金錶。然而，維奇也告訴威爾森一件壞消息：巴黎已經有一座植物園正在種植另一種珙桐，他們用另一名法國傳教士保羅・紀庸・法吉（Paul Guillaume Farges）神父1897年帶回來的37顆種子，好不容易種出了一棵。讓威爾森更失望的是，他去年寄給維奇的種子也沒有任何發芽的跡象，維奇手下最厲害的園藝家喬治・哈洛（George Harrow）試遍各種方法，把種子泡熱水、泡冷水、拿去磨、種在不同溫度的溫室裡，通通都沒用。

最終竟然是那些種在戶外，不畏嚴冬的種子成功發芽（因為珙桐種子可能需要長達18個月、期間冷熱交錯才會發芽，因此就算成功撐過，仍是只有極少數能繼續存活）。哈洛和威

爾森至少種下了13,000盆珙桐幼苗，但一直到1911年5月，最早的那批種子才終於開花。

威爾森在1902年6月結婚，但在1903年1月便返回中國，這次是為了要尋找喜馬拉雅金罌粟（Meconopsis integrifolia），成功在西藏找到開滿這種罌粟的高山草原後，威爾森繼續尋找其更惹人憐愛的表親紅花綠絨蒿（Meconopsis punicea）。威爾森認為，這趟險峻的29,000公里遠征之所以能夠成功，特別是他們在沿著長江三峽而上時遭遇了種種危險，甚至有一個人溺死，都應該完全歸功於他的中國團隊的堅毅及智慧：「我們解散時，雙方都相當依依不捨，他們在遭遇險境時忠心耿耿、充滿智慧、極度可靠、令人振奮，總是願意全力以赴，無人能及。」

1905年3月，威爾森帶著510種植物的種子回到倫敦，包括粉被報春（Primula pulverulenta）、川西莢蒾（Viburnum davidii）、華西薔薇（Rosa moyesii）等超過2,400件植物標本。威爾森的表現非常好，好到他丟了工作，因為維奇溫室現在充滿了他帶回來的中國標本，哈利・維奇因此決定不再需要他的服務。幸好查爾斯・史普雷・沙金特沒有忘了他，威爾森最後兩趟中國行（1907年~1909

年和1910年~1911年）都是為阿諾德植物園服務，不再有什麼商業目標，而是純粹為了科學進步採集。

話雖如此，威爾森仍是留心注意一種相當轟動的庭園植物，這也驅使他前往四川偏僻的岷村，尋找一種他在1903年初次發現的百合。在這片颳著風的荒涼風景中，綻放著「成千上萬」擁有金黃咽部的美麗岷江百合（*Lilium regale*），晚風中充滿香氣，威爾森也下定決心將其優雅帶到西方世界的庭園。他在1908年採集了岷江百合的球莖，但運抵美國前幾乎全數腐爛，於是又在1910年捲土重來，這次卻差點連命都賠上。

完成一天的採集後，威爾森一行人回程行經一條陡峭的驛道，這時土石流襲來，威爾森在他坐的轎子翻覆到下方的河水前，千鈞一髮從上面跳下來，雖躲過一顆致命的落石，但也弄斷了一條腿。雖然同伴很快用相機腳架倉促作了夾板固定（威爾森也是一名技術精湛的攝影師，旅行時總會特別雇用一名腳伕背他巨大的山德森牌〔Sanderson〕相機），可是等到3天後他終於抵達醫院時，感染已經相當嚴重，所以即便最後保住了腿，威爾森從此以後還是只能帶著「百合跛」度過餘生。

威爾森此後便不太嘗試刺激的冒險，他後來前往日本、韓國、台灣的幾趟旅程，妻子和女兒都隨侍在側。他被日本的園藝水準震撼，並在拜訪久留米的杜鵑園時佩服得五體投地，這座園子擁有許多歷史超過百年的杜鵑花品種，相當壯觀。這便是「威爾森五十大杜鵑」（Wilson's 50）的由來，但其實總共包含51種杜鵑，這些杜鵑很快成為美國南方各州花園中流行的植物。

1919年，威爾森成為阿諾德植物園的副園長，不過他仍持續前往各地遊歷，包括東南亞、澳洲、紐西蘭的重要城市等，他在澳洲還見證了無異於「砍樹狂熱」的大規模濫伐，讓他相當震驚。沙金特1927年去世後，威爾森成為阿諾德植物園園長，大聲疾呼保育樹木和花朵，今日看來可說頗有先見之明，不過他在3年後也因車禍過世，全球園藝界舉界同哀。「中國人」威爾森為人類發現超過1,000種新物種，現今全世界幾乎所有花園都擁有他發現的植物，還可能不只一種。

岷江百合，寇蘿‧蓋斯特（Coral Guest）繪，
雪莉‧雪伍德收藏，1980年。

華麗龍膽
Showy Chinese gentian

學名：*Gentiana sino-ornata*

植物獵人：喬治·佛瑞斯特

地點：中國雲南

時間：1910年

孤單的韓爾禮從中國海關郵局寫信給許多人，富有的利物浦棉商亞瑟·K·布利（Arthur K. Bulley）便是其中之一，他正在徹斯特（Chester）附近的奈斯（Ness）興建一座花園，並為其尋找珍稀的異國高山植物。布利因而委託韓爾禮替他尋找種子，雖然韓爾禮無法在正職工作外擠出足夠時間認真進行種子採集，他還是盡力滿足布利的需求，因為他相當欣賞布利無窮的熱情（「我總是無法拒絕狂熱分子、怪人等等」）和他「為窮人的花園引進美麗植物」的志向。布利花園的大門免費為所有人敞開，除了聖誕節外全年無休，不過韓爾禮仍建議布利，要是他願意僱一名全職植物獵人前往中國，那效果應該會更好。

布利於是向他的老友，愛丁堡皇家植物園的園長艾薩克·貝利·巴爾福（Isaac Bayley Balfour）爵士尋求意見。不久之前，巴爾福才聘請一名經歷相當特別的年輕人到植物園的標本室工作。這個活力充沛的蘇格蘭人20多歲的大部分時間都在澳洲內陸度過，他在18歲時就獨自出海，加入當時的掏金熱潮，而且他顯然很能吃苦耐勞，每天上班總要來回走上20公里通勤，風雨無阻，工作一整天也都不需要坐下休息。他身強體壯，能夠射擊和釣魚，還擁有一些基礎的醫學知識，因為他曾在科馬諾克（Kilmarnock）的藥房短暫當過一陣子學徒。簡而言之，巴爾福根本毫不猶豫就把31歲的喬治·佛瑞斯特推薦給布利：「他是個強壯的男子，而且也具備植物獵人需要的勇氣。」

華麗龍膽，莉莉安·史奈琳（Lilian Snelling）繪，取自《柯蒂斯植物學雜誌》，1928年。

1904年8月，喬治·佛瑞斯特抵達中國西南部的雲南，當地豐富的植被讓他相當興奮，不過他並不是第一個來到雲南的洋人。最早在1283年，義大利探險家馬可波羅就曾提及他看見的「植物奇觀」；後來在1880年代，法國傳教士暨探險家尚·馬利·德拉維（Jean Marie Delavay）神父也曾在雲南採集超過20萬件植物標本，其中包括1,500種新物種。天主教傳教士在雲南仍相當活躍，佛瑞斯特花了一年時間學習中文，並在當地組織了一支植物獵人團隊，隔年夏天他們來到茨姑村，成為兩名年邁法國神父的座上賓，準備出發前往探險。

但當時茨姑村情勢相當緊張，1905年，西藏喇嘛因為對1903年英軍入侵西藏並攻破聖城拉薩相當不滿，開始起兵反抗，同時大規模屠殺外國傳教士、改宗天主教的中國人以及支持他們的中國官員。隨著危險逼近，佛瑞斯特千拜託萬拜託兩名老人放棄這次任務，但他們堅持留下來抵抗，一直到憤怒的喇嘛快到門口，他們才終於同意撤離。可是這群將近80人的逃亡者，包括所有改宗天主教的中國人以及佛瑞斯特一行共18名植物獵人，很快就被喇嘛發現。

從後來佛瑞斯特寫給巴爾福的一封長信中，可以窺見他因神父拖拖拉拉而逐漸累積的挫敗。某天一行人停下來吃午餐時，佛瑞斯特「在這種情況下……根本就吃不下」，他於是爬到樹上試圖看看村落另一邊的動靜，剛好及時看到一群暴戾的喇嘛朝他們而來。「大家瞬間全都愣住，片刻之後，便開始各自逃命。」大部分的人都往山上跑，佛瑞斯特則是往下逃往瀾滄江，「我永遠不會忘記這次可怕的逃跑經驗，我也不知道我是怎麼逃過一劫。這條路大部分都是在懸崖上用支架搭起，離下方湍急的河水只有幾公尺，某些部分根本就只是兩根20公分的木頭撐著，因為終年的濕氣和水花潑濺而非常滑，有些地方甚至已腐朽，但我在上面簡直健步如飛。」

不過佛瑞斯特還是跑得不夠快，他發現已經無路可逃，只好躲到一處茂密的樹叢中，大氣也不敢喘一下，直到追殺他的敵人遠去，夜幕也悄悄落下。

月亮升起時，佛瑞斯特試著從環繞村落的高聳山脊逃跑，但是山脊相當陡峭，落腳處也非常危險，他最後總共花了5個小時才成功登頂，卻發現上面有重兵把守。他沒有其他辦法，只好原路爬回村莊，並躲在岩石下的坑洞過了一整天。

隔天晚上他又試了一次，這時突然發現自己留下了可以追蹤的足跡，

於是他把靴子給埋了起來，「接著往下走近河邊，並涉水往西走了大約1.6公里，同時盡可能抹去所有我逃跑的足跡……這趟旅程花掉了第二晚整晚。」

第三天晚上佛瑞斯特又從另一處爬上山脊，但還是一樣遇上守衛無法通過，他唯一的慰藉是在地上找到幾把麥穗，「這些麥穗，讓我勉強撐過一天又一天，也是我這8天裡的全部食物。」佛瑞斯特夜復一夜嘗試逃脫，日復一日躲藏，有時候甚至離追兵不到50公尺。到了第八天，他已經虛弱到幾乎站不起來，他知道必需求助，「如果我不這麼做，我就死定了，不是餓死就是死在喇嘛手上。」

佛瑞斯特搖搖欲墜走進一座小村莊，「肯定是個可怕的景象，衣服破成一條條掛在身上、全身沾滿泥土、臀部近乎凹陷，臉和手因為摸黑從灌木叢中開出一條路而傷痕累累，雙腳也是，腳底浮腫，臉上掛滿骯髒的鬍渣。而且我毫不懷疑，我的臉上一定充滿最可怕、最飢餓、最像受驚獵物的表情。」佛瑞斯特非常走運，村民剛好是傈僳族而非藏族，還非常願意幫他。他唯一的逃跑路徑便是穿過稠密的竹林和杜鵑林，接著翻越覆滿雪的高聳隘口，將他的赤腳「撕成碎片，天氣非常嚴寒，睡在海拔這麼高的野外，沒有任何東西可以遮蔽，有天晚上還下起大雨，我們沒辦法生火，必需用一小片松樹皮盛雨水來解渴，又只能盛非常少。」

更讓佛瑞斯特難過的是，他其實正蹣跚走過一片植物天堂，有許多報春花、杜鵑花、「非常美妙」的罌粟和其他各式各樣數不清的美麗花朵，但他連半株都沒辦法採集。不過他經歷的苦難和他的前同事相比，可說是根本不值得一提：他的另外17名幫手最後只有一個成功活下來，兩名神父則遭嚴刑拷打好幾天，最後悲慘緩慢地死去。佛瑞斯特好不容易來到大理，卻發現自己早已被宣告死亡，他的家人全都在為他哀悼，直到他發了一封電報回蘇格蘭，表示自己還活得好好的。

說他活得好好的可能有些誇張，因為後來佛瑞斯特和他英國領事館的朋友喬治·李頓（George Litton）前往騰衝，準備在薩爾溫地區採集植物時，仍受飢餓的後遺症所苦。他在茨姑村失去了一切，所有事都必須從頭開始。佛瑞斯特和李頓在蚊蟲肆虐的叢林裡待了2個月，李頓死於瘧疾，佛瑞斯特狀況也不太好，但仍再次活了下來，並於1906年帶著滿滿收獲回到英國。

雖然佛瑞斯特的第一趟中國

行可說相當驚悚，他還是陸續回到中國6次，他和布利因為合約談不攏不再合作後，便轉而為其他名門望族工作，包括康瓦耳凱爾罕斯城堡（Caerhays）的J・C・威廉斯（J. C. Williams）和同樣位於英格蘭南部艾斯伯里（Exbury）的萊昂納・羅斯柴爾德（Lionel Rothschild），兩人都非常熱衷收藏木本植物，特別是杜鵑花，佛瑞斯特也沒讓他們失望。

他在厚重的雪堆中發現的滇藏木蘭亞種「*Magnolia campbellii* subsp. *mollicomata*」幼苗，後來成為威廉斯培育的知名品種「拉納斯」（Lanarth）；威廉斯的怒江山茶（*Camellia saluenensis*）也在凱爾罕斯城堡和日本山茶（*Camellia japonica*）雜交，繁殖出能夠自由開花的雜交種「*Camellia* x *williamsii*」；深紅色的朱紅杜鵑（*Rhododendron griersonianum*）也很會繁殖，後來繁殖出超過150種雜交種。

不過讓佛瑞斯特聲名大噪的凸尖杜鵑（*Rhododendron sinogrande*），其實不是由他本人發現，而是由他那支用螺子裝著種子、走在前頭的採集團隊所發現。這種杜鵑相當壯觀，葉子可以長達1公尺，底部則如麂皮般柔軟。佛瑞斯特和他的團隊一同採集了多達5,375株杜鵑，其中有超過300種新物種。而佛瑞斯特的最後4趟中國行，則都是應皇家杜鵑學會（Rhododendron Society）的指示前往，他們非常驚訝地發現，杜鵑這種學界一直以來認為是喜歡酸性環境的植物，竟然能在石灰岩上恣意生長，還有不少是「直接從光裸的岩石長出來」。

即便佛瑞斯特在樹木和灌木上大有斬獲，他仍是沒有忘記高山草原上那些精緻的寶石狀植物。他將許多美麗的報春花帶回英國，包括以他朋友李頓命名的李頓報春花（*Primula littoniana*），但現在已改稱「*Primula vialii*」；以他老闆布利命名的則是燭台狀的橘紅燭台報春（*Primula bulleyana*）和霞紅燭台報春（*Primula beesiana*），「Bees」是布利為了籌

S.del, J.N.Fitch lith

Vincent Brooks I.

滇藏木蘭，瑪蒂達·史密斯繪，
取自《柯蒂斯植物學雜誌》，1885年。

措植物採集資金所建立的種子公司。佛瑞斯特還從米張隘口（Mi Chang pass，音譯）的山頂帶回了最壯觀的「華麗龍膽」（*Gentiana sino-ornata*），這種龍膽同時也比較容易種植，並擁有長達3公分的天藍色喇叭狀花朵。

佛瑞斯特是在他的第二趟中國行（1910年～1911年）找到華麗龍膽，其生長在高度介於4,270公尺～4,570公尺

李頓報春花，瑪蒂達‧史密斯繪，
取自《柯蒂斯植物學雜誌》，1910年。

間的沼澤地上，顏色明顯的花朵絕對不會錯過，旁邊還簇擁著鮮綠色的葉子。賦予龍膽和其他類似植物鮮豔色彩的色素，來自名為「花青素」的抗氧化劑，而這也是紫色蔬果如此健康的原因。

中醫使用龍膽當作藥材已有悠久的歷史，尤其是用來治療消化問題，龍膽也能用來為比較苦的餐前酒添加風味，像是義大利的艾普羅（Aperol）和法國的蘇茲（Suze）等。龍膽的屬名則是來自西元前2世紀的伊利里亞（Illyria）國王根修斯（Gentius），根據羅馬博物學家普林尼（Pliny）的記載，他是第一個用這種植物的葉子和根部治療瘟疫的人。

1930年，佛瑞斯特啟航展開他發誓是最後一次的遠征，目標是要採集他先前錯過的所有植物，「為我過去所有的工作，劃上一個令人滿意的光榮句點」。他計畫在退休後定居愛丁堡撰寫回憶錄，並把未來的採集任務都交給他手下的首席植物獵人──綽號「老趙」的趙成章，他們從1906年初便開始合作。

當時佛瑞斯特組織了一支當地納西人組成的團隊來協助採集，這支團隊中也包含女人，她們的韌性和智慧讓他大感佩服，而且不管是要尋找活體植物，或是在能夠吸水的竹紙上壓

平及乾燥標本，她們都非常能幹；其他人則負責準備和打包大量的種子。

在接下來25年間，趙成章建立了一支關係緊密、訓練有素的植物獵人團隊，成員大部分都是家人和朋友，來自他的家鄉雪嵩村。他會將所有人分成4人~5人不等的小組，從不同的基地往外搜尋植物，自己則和另外幾個精挑細選的植物獵人負責最困難的任務。到了1920年代，趙成章不僅已能夠完全理解佛瑞斯特的指示，還會在遠征間的空檔自行進行採集。

但是佛瑞斯特從來沒能寫完那本回憶錄，1932年1月，他到騰衝附近的丘陵打獵時，因急性心臟病發去世。佛瑞斯特留下的遺產規模相當驚人，總計超過31,000件標本，包括鳥類、哺乳類、昆蟲、植物，其中超過1,200種新物種，並有超過30種分類單位以他命名。

佛瑞斯特無疑非常喜愛與尊敬雲南當地人，這點從他願意自掏腰包，讓數千名當地人接種天花疫苗便可得知，天花當時仍是非常嚴重的傳染病。話雖如此，佛瑞斯特發現的植物卻沒有任何一種是以趙成章或其他當地人命名。2020年6月，這群無名英雄的貢獻終於受到重視，在修訂小檗屬的植物時，有一種新植物被名為「趙氏小檗」（*Berberis zhaoi*）。

喜馬拉雅藍罌粟
Himalayan blue poppy

學名：*Meconopsis baileyi*

植物獵人：法蘭克‧金頓‧華德

地點：西藏

時間：1924年

是什麼讓一個有懼高症、怕蛇、非常討厭寒冷的男人，決定成為植物獵人，進入喜馬拉雅山區，還在叢林中度過艱困的50年，同時在這片永恆霜雪籠罩的土地上忍受一切困乏呢？

對法蘭克‧金頓‧華德來說，一切都是命中注定──成為植物獵人，是滿足他永不止息的探險慾最實際的方法。

某種程度上來說，植物學宛如流淌在華德的血液中，他的父親是劍橋大學的植物學教授，因此他從小就被父親植物書籍中美妙的圖畫吸引，夢想有一天能夠前往熱帶雨林探險。華德冒險的序曲便是在他22歲時，找到了一個在上海擔任教師的工作，在發現這個工作不如他預期的充滿異國風情後，他又幫自己在前往中國西部的遠征隊中，安插了一個位置。

他在這趟旅程中蒐集了一些植物標本，但更重要的是，這是一次絕佳的經驗，讓他見識到博物學家進行田野調查時多采多姿的生活。因此，1911年1月，有個工作機會從天而降時，華德馬上欣然接受。

這個工作來自愛植物成癡的棉商亞瑟‧K‧布利，他先前雇用喬治‧佛瑞斯特擔任他的植物獵人，但因為佛瑞斯特被更有錢的雇主挖走，布利只好重新找人。華德雖然可能缺乏經驗，但至少他人已經在中國，華德後來寫道：「布利的來信決定了我接下來45年的命運。」

在這45年間，華德進行了超過22趟冒險，足跡遍布西藏、中國、緬甸以及印度這塊充滿裂隙的土地。印

喜馬拉雅藍罌粟，莉莉安‧史奈琳繪，取自《柯蒂斯植物學雜誌》，1927年。

1

2

3

4

5

6

7

*

度擁有無法想像的崇山峻嶺和幽深河谷，植被涵蓋「所有氣候區，從熱帶到極地都有」，而且只要跋涉一天左右，便能見識到如此豐富的植被。

華德總共採集了超過23,000株植物，其中有119種新物種，包括62種杜鵑、11種罌粟、37種報春花，不過他的優先目標，永遠是尋找能夠在他富有的老闆新建的林園中，成長茁壯的活體植物。

華德在途中也經歷許多凶險，即便他可以記得相當精確的植物位置，精確到數個月後他還能回到當地採集植物的種子，甚至在大雪下找到那株植物，他還是常常會迷路個好幾天。華德摔下峭壁至少兩次，其中一次他能幸運生還，完全是因為他墜落時腋下剛好卡在竹子上；他也曾多次感染瘧疾，並遭遇多次攻擊，對象包括憤怒的犛牛主人、藏獒、他喝醉的廚師（導致他最後只能使出「柔術絕招」把廚師的拇指折斷），甚至還有一次被倒塌的樹砸中。

不過，沒有一次比1950年的「阿薩姆大地震」還恐怖，那時華德剛好待在阿薩姆跟西藏灣境的震源附近，他躺在不斷晃動的地面上，跟他年輕的老婆琴還有他們的兩個雪巴人手牽著手，深信他們就要掉到地球內部滾燙的熔岩中。最後早晨終於來，一朵厚重的雲遮蔽太陽，他們一掃鬱悶的心情，在土石流中開出一條路，前去採集最優雅的園藝樹木——四照花（*Cornus kousa* var. *chinensis*）。

華德的探險後來記載在25本書籍和數不清的文章中，詳細描述了他這輩子見識過的絕美風景，以及他在旅途中遇見人們的生活。他的作品除了精彩的科學記述，有時還富有詩意，也常常充滿幽默、簡潔優美的文筆，沒有植物獵人能出其右。1926年，華德出版了頗為暢銷的《雅魯藏布峽谷之謎》（*Riddle of the Tsangpo Gorges*）描述他前往西藏，沿著這條流過世界最深峽谷的未知急流，展開一趟為期11個月的遠征。

「我們對位在喜馬拉雅極東端這片區域的植物，根本一無所知。」華德寫道，不過如果他願意誠實作答，那麼植物根本不是他真正的目的；華德尋找的其實是西藏傳說中那道通往「白瑪崗」的壯麗瀑布，根據藏人傳說，這是一塊「如同千瓣花朵蓮花的淨土」。西藏聖河雅魯藏布江的流向，一直以來都是個謎團，其發源自崗仁波齊峰神聖的山坡，往東流經荒涼的西藏高原，長達2,090公里，接著從海拔超過2,740公尺處陡降，流進成群水流無法鑿穿的山峰和深谷，便消失在地圖上。

然而，240公里外的阿薩姆平原上，布拉馬普特拉河（Brahmaputra river）從阿伯丘（Abor）橫空出世，從海拔300公尺的高度往相反的方向流。藏人相信雅魯藏布江和布拉馬普特拉河其實是同一條河，在比美國大峽谷還要深上三倍的成群深谷某處，江水轟隆流經南迦巴瓦峰和加拉白壘峰雙峰間的髮夾彎，藏人認為這是藏傳佛教女神金剛亥母的乳房，因此將其視為聖山。

但這條河有一個無法解釋、高度相差將近3公里的巨大落差，英屬印度派出的探險隊認為，唯一合理的原因，應該是存在一座巨大的瀑布，才會造成這樣的現象，其規模甚至可以和非洲新發現的維多利亞瀑布一拼。

但是究竟要如何確定呢？如果從峽谷處進入，將會遇上好戰的印度民族阿伯人和僜人；從源頭則是無法突破西藏關閉的邊境，這裡是神聖的土地，只有朝聖者可以進入，同時還得遵守喇嘛秘密手冊中的指示。但是在1880年代英國的一次秘密行動中，有一名無比機智的西藏裁縫金塔普（Kintup），透過把量測儀器藏在轉經輪裡，成功抵達偏僻的寺院白瑪崗寺；他這趟旅程的官方報告中，記載了一座彩虹簇擁的瀑布，高度達45公尺。1913年，英國探險家F·M·貝禮（F. M. Bailey）和亨利·莫西德（Henry Morshead）也展開了一趟2,400公里遠的秘密旅程，以找到金塔普的「彩虹瀑布」，卻發現他們被錯誤資訊誤導：如果真的有什麼雄偉的瀑布，那麼也不會在這，而是在下方水流無法鑿穿的深谷中。又過了10年，1924年時，華德來到貝禮的家門前，下定決心要進入這座謎樣的國度，並「把這最後的秘密公諸於世」。

要找到通往白瑪崗寺的朝聖之路並非易事，而且從這裡開始，華德的團隊必需在茂密的叢林中一刀刀開出路來、爬上陡峭的石柱、踩在不穩的樹幹上越過奔騰的流水，連他們腳下的石頭都為之顫動。最後，他們經過了一處轉角，並看見「離我們大約800公尺處，從高處的岩石間揮灑而出的一大片水花。『終於看見瀑布了！』我想，但這並不是我們要找的瀑布。這確實是一座瀑布沒錯，大約12公尺高，水花中也不時閃現美麗的彩虹，卻明顯不是那座傳說中的『布拉馬普特拉瀑布』，那個無數探險家夢寐以求的目的地。」

可是他們已經無路可走了，在這些陡峭的岩壁間已經沒有出路，華德只好掉頭，說服自己只是在尋找一個幻象。即便如此，他仍成功將峽谷未經探索的區段縮短到僅剩16公里，

Revue Horticole

Eudes

喜馬拉雅藍罌粟，取自《園藝評論》（*Revue Horticole*），1933年。

而且從植物學的角度來說，這趟旅程也是大豐收。雖然四周的生存環境相當嚴苛，但「只要是大自然到得了並且能夠死命攀住的地方，就可以發現樹木的存在。」華德帶回了大量的杜鵑、小檗、鳶尾花、金蓮花以及數種報春花，包括以他第一任妻子佛蘿琳達（Florinda）命名的西藏報春花（*Primula florindae*）。

另一種報春花則是以華德的旅伴，綽號「傑克」的考多（Cawdor）伯爵命名，他是來自蘇格蘭的貴族，旅程有一部分也是由他出資。但考多並不享受這整趟歷險，即便他早有準備，帶了福南梅森（Fortnum & Mason）百貨公司的禮盒，他仍抱怨食物難以下嚥，而且華德的行進速度非常慢，讓人難以忍受。

考多抱怨道：「走在他後面讓我像個白癡，如果我之後還要再去探險，我他媽絕對不會再跟植物學家一起，他們總是會走走停停，瞧瞧路邊的雜草。」

不過當一行人在一叢多刺的灌木中，找到一片美麗的藍罌粟時，就連考多都非常開心；貝禮在他1913年的探險中，也曾發現這種藍罌粟，但他只有在筆記本裡留下一朵花朵而已。雖然這不是華德第一次發現藍罌粟，他卻非常確定這一定是最棒的，因為

這種藍罌粟不僅非常漂亮，「在這片報春花天堂中，花朵就這麼從海綠色的葉子間盛開，如同藍色和金色的蝴蝶」。他也抱有很高的期望，認為其「非常強韌，很容易就能在英國栽種。由於罌粟花屬於木本植物，比較不會受我們不穩定的氣候影響，同時因為來自中海拔，所以也能適應我們提供的平凡環境。此外，罌粟花是多年生植物，也不會讓園丁很頭痛。」

事實上，即便華德發現的罌粟花在蘇格蘭涼爽的花園和美國東岸的某些地區，都開得萬紫千紅，但其實也沒到那麼好種，這種花後來就稱為喜馬拉雅藍罌粟（*Meconopsis baileyi*）；到了1934年，學界認為其和法國傳教士德拉維1886年在中國雲南發現的是同一種植物，因而學名又改回「*Meconopsis betonicifolia*」。2009年，學界又表示這兩種植物其實是不同的植物，所以華德的藍罌粟又再次背負F‧M‧貝禮之名，貝禮身為軍人、探險家、秘密探員的傳奇經歷，讓華德的經歷顯得相形失色。

1919年，華德花了幾天和年輕的蘇格蘭植物獵人尤恩‧科克斯（Euan Cox）同行，科克斯未來則將和另一名以採集高山植物聞名的植物獵人瑞金納‧法瑞（Reginald Farrer）一道旅行。科克斯的兒子彼得日後也成為植

物獵人，他的孫子肯尼斯也是，肯尼斯把華德的著作當成嚮導，前往喜馬拉雅地區旅行，走的經常是和華德當年一模一樣的路線。肯尼斯知道，華德書中提到的許多物種，由於有老闆的命令在身，所以他當時並沒有費事停下來採集，有些物種則是回國後無法順利種植，因此他相當確定這會是一趟收獲滿滿的旅程。而他冥冥之中也來到雅魯藏布峽谷，當年的瀑布之謎至今仍未解開……

1996年，肯尼斯在此遇見兩名美國探險家肯‧史東二世（Ken Storm Jr）和伊恩‧貝克（Ian Baker）。他們相信傳說中的瀑布存在，而且他們也是靠著華德的書穿越峽谷，重新走過他尋找彩虹瀑布的冒險。幸運的是，他們此刻的嚮導還是當年引導華德的植物獵人的孫子，勾起了他對這名瘋狂英國植物獵人的回憶。隨著一行人回到華德當年的營地，他當年看過的風景映入眼簾，就好像華德本人不久前才剛經過一樣。

1998年，一行人再度回到此地，另一名植物獵人江（Jyang）為他們指出了一條前往瀑布的新路徑，通往一個全新的制高點，他們腳下便是傳說中的彩虹瀑布，在迷霧中若隱若現。

就在後方，河流突然往左急彎，從另一座瀑布傾瀉而下；原來傳說中的瀑布一直都在，就在後方400公尺處，只是被急彎的河流遮蔽。

史東測量後發現，第一座瀑布高達21公尺，是華德原先估計的兩倍，而他們新發現的瀑布則是超過30公尺高，這是在喜馬拉雅山區的大河中最高的一座瀑布。

第一個得知這個消息的是華德的遺孀，華德在1947年和琴‧麥克琳（Jean Macklin）結婚，當時他62歲，琴則年僅26歲。自從他們結婚後，琴就陪伴華德參加所有冒險，直到華德於1958年過世，而琴自己也成為一名優秀的植物獵人。聽到這個消息後她非常高興，並表示「法蘭克留下這個等你們發現。」

但這座瀑布很可能就要消失了，一群泛舟客在2004年前往峽谷上游泛舟時，得知當地居民因為政府要興建水壩而遭驅離。水壩於2015年啟用，政府預計將興建11座水壩，這只是第一座。瀑布原址則是預計興建「大水壩」，建成後將會是長江三峽大壩的三倍大，堪稱人類史上最大的水力發電計畫，但我們都知道，三峽大壩為生態帶來了多大的災難。

麥克琳百合（*Lilium mackliniae*）是以華德的第二任妻子暨無懼的旅伴琴‧麥克琳命名，史黛拉‧羅絲—克雷格繪，取自《柯蒂斯植物學雜誌》，1950年。

大花黃牡丹
Tibetan tree peony

學名：*Paeonia ludlowii*

植物獵人：法蘭克・路德洛、喬治・雪里夫

地點：西藏

時間：1936年

「喜馬拉雅山區有大片土地仍屬未知，等著人類去探索，對進行田野調查的博物學家來說，還有更大片的處女地等著他們……我們覺得自己是拓荒者，並為這種想法感到興奮，能夠活在一個新的土地、花朵、鳥類等著被你發現的時代，是件非常棒的事。」

1940年，法蘭克・路德洛在《喜馬拉雅日記》（*Himalayan Journal*）

中如此寫道。他在1929年於新疆喀什認識了喬治・雪里夫，對博物學都非常有興趣的兩人一拍即合，雪里夫對植物所知較多，路德洛則是對鳥類頗有涉獵。路德洛投身英屬印度政府創辦的印度教育服務（Indian Education Service）多年，1923年移居西藏，擔任新設立的英式貴族學校校長；在經歷挫折滿滿的3年後，他決定辭職退休，並搬到喀什米爾。值得一提的是，他仍和西藏一些重要人士保持良好關係，因此能夠獲得其他外國人無法得到的探險許可。

雪里夫則是退伍軍人，曾在喀什的英國使館服役，人脈同樣也很廣，甚至還認識不丹的統治者，因此兩人的第一趟遠征便是在1933年前往不丹，並成功採集超過500株植物。他們接著前往錫金東部人跡罕至的喜馬拉雅山區探險，並一步步往東前進，抵達雅魯藏布江河彎。許多先前來到此地的探險家，都告訴他們可以在這裡找到意想不到的豐饒植物寶藏。

於是這便成了他們往後15年的固定行程，其他英國植物學家和雪里夫

大花黃牡丹，莉莉安・史奈琳繪，取自《柯蒂斯植物學雜誌》，1927年。

勇敢的妻子貝蒂偶爾也會加入，還有一支當地的大型團隊負責支援他們，成員來自各個民族，包括不丹人、錫金人、喀什米爾人，由雷布查族的植物獵人宗槃（Tsongpen）帶領。路德洛提及，做事非常講究細節的雪里夫確保每個人都「吃飽、穿暖、有錢領」，並讓他們覺得自己的工作非常重要，而且確實也非常重要沒錯，所以他們會盡全力工作。雪里夫和我心裡都非常明瞭……沒有他們的協助，我們根本不可能走多遠，也不可能成就什麼。」

後人並不知道兩人怎麼負擔得起這麼多次的大型探險，因此有人猜測植物學家只是個偽裝，他們的真實身

滇牡丹，當時的學名為「*Paeonia lutea*」，瑪蒂達・史密斯繪，
取自《柯蒂斯植物學雜誌》，1901年。

分其實是間諜。如果真的是這樣，那麼他們也偽裝得非常認真，兩人採集了超過21,000件植物標本和大量的種子，這批種子同時也是史上第一批以空運方式運回歐洲的種子。

這些快樂的旅程後來因為二戰爆發被硬生生中斷，兩人在二戰期間輪流在英國駐拉薩使團服役。1946年，兩人又繼續展開探險，這次的目的地是位於西藏東南方——傳說中的雅魯藏布峽谷。但這趟旅程卻充滿災難，雪里夫心臟有毛病，路德洛則因杜鵑花蜜中毒，甚至連雪里夫養的狗都沒能逃過一劫，被殺人蜂螫到而癱瘓。1949年，因為兩人隔年的入境許可遭拒，他們決定前往不丹展開最後一趟探險，此後這扇探險的大門便關上了，因為要一直到1974年，西方人才再次獲准進入該地區。兩人退休後回到英國，雪里夫在蘇格蘭建立了一座知名的喜馬拉雅花園，路德洛則是前往倫敦的自然史博物館（Natural History Museum），往後20年都在管理他的收藏。

兩人除了勤奮地蒐集植物標本外，最享受的還是採集種子。路德洛曾提及，「標本是留給少數花很多時間鑽研植物學的專家，而活的植物則是生長在我們的花園和公園中，所有看見的人都能享受。」兩人採集的植物包括雄偉的大花黃牡丹（*Paeonia ludlowii*），學界原先認為這是滇牡丹（*Paeonia delavayi*）花朵比較大的變種，到了1997年才確定兩者是不同的物種。大花黃牡丹生長在西藏東南部荒涼石坡上茂密的灌木叢中，分布海拔介於2,750公尺~3,350公尺間。雖然艷麗的花朵和分岔的俊美葉片，使其成為非常受歡迎的園藝植物，野生的大花黃牡丹現在卻已瀕臨絕種。

路德洛和雪里夫引進了至少66種報春花、23種罌粟、超過百種杜鵑，園藝愛好者也可以感謝他們引進了樹皮相當滑順的美麗小櫻桃（*Prunus serrula*）和橘色的圓苞大戟（*Euphorbia griffithii*）。不過兩人最大的貢獻，或許應該是在民族學上，雪里夫不但是個熱情擁抱彩色電影新科技的厲害攝影師，同時也是第一代的紀錄片導演。他拍攝的影片現藏於英國電影學院（British Film Institute），不僅記錄了他們多采多姿的探險中，經過的險峻路途和危險的渡河之旅，也留下了永遠消逝的西藏村落日常生活，如女人掛起犛牛毛晾乾、嘻笑的孩童在紡車上紡棉花，還有宗教儀式和村落的祭典，舞者穿著精緻的傳統服飾翩翩起舞。許多植物獵人都會記下他們的旅程，但是沒有人留下的紀錄，能和喬治·雪里夫留下的一樣動人。

蓮草
Rice-paper plant

學名：*Tetrapanax papyrifer* 'Rex'

植物獵人：布列登·韋恩—瓊斯、蘇·韋恩—瓊斯

地點：台灣

時間：1993年

來自威爾斯的布列登·韋恩—瓊斯（Bleddyn Wynn-Jones）和蘇·韋恩—瓊斯（Sue Wynn-Jones）夫婦，家中原先經營牧場，一開始會成為植物獵人，全都是因為狂牛症。夫妻倆一向都很喜歡出外旅行，現在狂牛症讓他們不用再擔心家裡的牛群，於是便開開心心背上帆布包前往約旦。他們在月亮谷（Wadi Rum）灼熱的紅色沙漠中，發現石頭上長著一株葉片細長

的美麗瑞香。老實說，瑞香並不是一種可以在潮濕的威爾斯山坡生長的植物，但它卻孕育了一個夢想，那就是建立一座與眾不同的溫室，專門提供從世界各地蒐集來的各種陌生植物。

布列登表示：「我們已經通過成為植物獵人的第一關，我們知道怎麼努力旅行。」他們接著開始認真計畫尋找下一種植物，包括事先研究目的地的植物、沉浸在皇家植物園的標本中，並在班格爾植物園（Bangor Botanic Gardens）學習如何採集、清理、曬乾果實和種子。他們也了解到，有許多我們非常熟悉的植物，都還沒有經過人為栽培，例如他們下一趟旅程要前往的台灣，就擁有至少13種前景看好的繡球花，但在園藝界卻依然默默無聞。

E·W·威爾森（參見第111頁）曾在他的植物獵人生涯末期前往台灣採集植物，但除此之外，台灣的高山對外人來說仍是相當神秘，因此布列登確定他能夠在台灣找到可以在更冷的環境中生存的山林植物。台灣的國家公園非常歡迎他們，夫妻倆也對台

蓮草，取自《胡克的植物日記暨英國皇家植物園札記》（*Hooker's Journal of Botany and Kew Garden Miscellany*），威廉·傑克森·胡克著，1849年~1857年。

灣豐富的生物多樣性感到非常驚豔，特別是在景致絕美的太魯閣峽谷。

兩人第一次拜訪台灣是在1991年，後來又陸續來台6次，他們正是在第二趟旅程中發現了壯觀的蓪草（*Tetrapanax papyrifer* 'Rex'）。蓪草是種大型常綠灌木，也可以算是小喬木，歐洲的園藝設計師很快為其瘋狂（雖然寄生根有點煩人），並將其視為都市時尚的極品。蓪草的莖部相當筆直，莖頂長著茂密的分裂狀葉片，能夠達1公尺長；兩人在後來的旅程中，又在海拔更高的地區發現另一種蓪草，布列登認為這種蓪草比較好，不僅長得比較高，也更為強韌。

夫妻倆開設的「克拉格植物農場」（Crûg Farm Plants），目前在國際園藝界已頗為知名，以引進看起來異國卻能承受低溫環境的植物著稱，包括台灣的鵝掌柴、南美的掌葉木、越南的蜘蛛抱蛋等。他們早期發現的某些植物，包括非常好聞、長著蠟質花的藤本植物八月瓜變種「*Holboellia latifolia* subsp. *chartacea*」和短蕊八月瓜（*Holboellia*

圖中描繪製作宣紙的植物，應為蓪草。
取自《歐洲溫室及花園植物》（*Flore des Serres et des Jardins de l'Europe*），
路易・范・霍特（Louis van Houtte）著，1845年~1880年。

brachyandra），現在都已廣泛種植。

　　夫妻倆至今已拜訪過將近40個國家，包括寮國、哥倫比亞、南韓的某些地區，以及從未有人進行過大規模採集的越南。每一趟旅行都讓他們的知識更加豐富，像是兩人剛開始採集時，學界只發現大約20種蜘蛛抱蛋，現在則是已經有接近200種，其中幾種便是他們發現的。

　　從2017年開始，兩人也和來自莫斯科各個重要植物園的植物學家密切合作，主要研究又稱屠夫掃把的假葉樹（*Ruscus aculeatus*）。這使得他們必須經過阿布哈茲（Abkhazia）砲聲隆隆的前線，但這對兩人來說只是小菜一碟，他們還開心地聊到之前曾在瓜地馬拉被強盜綁架、在尼泊爾遭印度共產黨威脅，還曾在泰國躲避持槍保衛鴉片田的匪徒。

　　他們對之前經歷的危險大都一笑置之，但有個危機真的讓兩人嚇壞了，那就是氣候變遷。對他們來說，氣候變遷對植物王國造成的威脅，甚至比人為破壞還要嚴重。

　　他們在過去30年間見識到的損失令人震驚，特別是極端氣候帶來的影響，兩人認為極端氣候現在變得更為頻繁，破壞力也更強大。「這就像一場賽跑，我們要在植物遭野火、洪水、土石流、地震或颱風襲擊而永遠

滅絕之前找到它們，並留下紀錄。我們曾在一夜之間見證高達1公尺的降雨量，也曾看見我們採集過的森林被房屋大小的土石摧毀。」

　　如果韋恩—瓊斯夫婦能夠採集種子，並在其他地方復育植物、延續其生存，那當然再好不過，但現實卻常常事與願違。10次裡面有9次，植物都很難成長到商業販售的規模，因此克拉格植物農場其實一直都更像是一座保存植物的圖書館，而不是一間賺錢的公司。

　　他們也和前去採集國家的科學研究機構及植物園密切合作，交流知識、標本、種子，他們的策略也一向都是先把發現交給專業的機構，以確保植物將來的最佳利益。同時因為兩人完全都是自費，所以為了分攤旅費，有時也會和其他溫室合作，美國傳奇植物獵人丹尼爾‧辛克利便是他們的長期合作夥伴，一起為共同目標奮鬥不僅帶來更多愉悅，也能提高成功引進植物的機率。

　　布列登解釋道：「針對將新的植物引進溫室，並進行人工培育這件事，我們的目標是盡可能拓展生物多樣性。這些植物在野外的生存狀況越嚴苛，引進花園的需求就越迫切，我們不能只依靠科學家和植物園，所有人都應該要盡一份力。」

蘆山淫羊藿
Epimedium ogisui

學名：*Epimedium ogisui*

植物獵人：荻巢樹德

地點：中國四川

時間：1993年

日本植物學家荻巢樹德在他的家鄉有「國寶」的稱號，雖然英國沒有類似的頭銜，但受人愛戴的八旬植物獵人羅伊·蘭開斯特（Roy Lancaster）也絕對配得上這樣的稱號。蘭開斯特身兼作家、播報員、講師多種身分，他位在英格蘭南部的花園，擁有許多荻巢樹德引進的珍稀美麗植物。

兩人成為好友已將近半世紀，曾一同在日本及中國各地採集植物，不過他們乍看之下不像會成為朋友，因

為和藹可親的蘭開斯特以他的興致聞名，隨時都準備好和人分享；荻巢樹德則是較為嚴厲，他的一絲不苟甚至為他博得了「綠武士」的美名。

這個稱號也來自荻巢樹德對日本江戶時代熱愛花卉的武士，所擁有的知識和景仰。在這段和外界隔絕的時光中，一代又一代的幕府將軍催生了相當精緻的園藝文化，使得日本在人工育種上，有非常長足的進步，甚至早在西方的孟德爾發現植物的基因之前。這樣的文化同時也培養了針對特定植物的細緻審美觀，包括山茶花、菊花、楓樹、鳶尾花。

本身就是傑出園藝家的荻巢樹德，有感於這樣的傳統在現代日本快速消逝，便開始採集這類植物，並啟發慈善家柏岡精三出資建立一座花園，來保育這些珍貴的園藝及文化遺產。1978年，這座花園擁有超過1,000種花菖蒲（*Iris ensata* var. *spontanea*）的變種，接下來10年間，花園的保育範圍也拓展到其他重要植物，包括玉簪、繡球花、杜鵑花等，同時也建立了一座研究機構。

天全淫羊藿（*Epimedium flavum*），克莉絲塔貝兒·金（Christabel King）繪，取自《柯蒂斯植物學雜誌》，1995年。這是荻巢樹德發現的數種淫羊藿之一。

一種

かまやまあやうぶ

琉球釜山より末るといふ葉稍ら
より長く三尺許花深紫色みな美し

1997年，荻巢樹德出版了他數十年研究的成果——華麗的「紫書」《圖解傳統園藝植物與文化》，書中研究了33種江戶時代特別重視的觀賞性植物。遺憾的是，隨著捐助者柏岡精三逝世，研究機構也在2012年關閉，讓荻巢樹德必需幫上萬株珍稀植物另覓家園，這是一件相當困難的事，因為有許多植物都需要特別的照顧。有些植物去了植物園，比較強韌的則是繼續待在捐給當地的花菖蒲園，還有大約3,000株交給了日本各地最專業的溫室。荻巢樹德一年會去探訪好幾次，細心呵護每株植物，彷彿在照顧最愛的孫子。

荻巢樹德年僅10歲時便一頭栽進植物的世界，還四處尋找可以教導他相關知識的人。植物對他來說早已是某種慰藉，因為他接受的教養非常嚴格，試圖培養他禪學的自律和獨立，當他再也無法忍住眼淚時，他就會逃到花園，並躲在最愛的樹下尋求庇護。15歲時荻巢樹德便立志成為園藝家，並在18歲開始研究植物基因，到了20歲便前往歐洲留學。羅伊·蘭開斯特第一次注意到這個害羞的年輕人，便是在一次前往英格蘭哈洛德西里爾爵士花園（Sir Harold Hillier Garden）的戶外教學中，注意到他做了大量的筆記。

荻巢樹德後來到四川大學攻讀研究所，師從中國知名植物學家方文培教授，由於當時頒發學位給外國人並不符合慣例，荻巢樹德只好將就以「榮譽研究學者」的身分畢業。

在後來數十年中，荻巢樹德對中國植物學的貢獻非常巨大，因而獲頒許多獎項及榮耀，包括在2017年獲選進入四川植物學名人堂，成為唯一獲此殊榮的外國人。

蘭開斯特如此作結：「我想我們可以說，荻巢樹德對中國植物的知識無人能敵。他在中國走過的距離比任何人都遠，在偏遠地區見識過的植物也比同時代的植物學家都多，而且還發現了無數新物種，範圍涵蓋許多不同的屬。但是更難能可貴的，是他多麼真誠地對待其他人，不僅是和他一起工作的中國植物學家以及他分享科學發現的學術機構，還有在探險途中遇見的當地人。」科學家應該要非常謙虛，荻巢樹德便是如此，他不會覺得自己比和植物一同生活的當地人懂得還多，而是以尊敬的心態和當地人接觸、觀察、傾聽、學習。

荻巢樹德對西方園藝史也貢獻良多，他重新發現了一度「絕跡」的中國野生薔薇——單瓣月季花（*Rosa chinensis* var. *spontanea*）。這種薔薇孕育了世世代代的歐洲品種，但自從

江戶時代的日本武士相當重視植物，這幅描繪菖蒲（*Iris sanguinea*）的插畫，便是來自岩崎灌園1835年~1844年的《本草圖譜》。他是一名德川幕府的武士暨知名園藝家，提筆紀錄的對象包括動物、昆蟲、植物。

1920年代後，就再也沒有任何外國植物學家見過其蹤跡。一直到1983年，荻巢樹德在英國玫瑰學家葛拉罕·史都華·湯瑪斯（Graham Stuart Thomas）的請託之下，在四川的一座山腰上發現為止。

荻巢樹德一開始會成名，便是靠著他對四川植被的專業知識。四川可說是除了熱帶地區之外，生物多樣性最豐富的地區，特別是他到峨眉山採集植物的那趟旅程，更是讓人津津樂道，荻巢樹德那次總共找到了超過3,700種植物，其中有106種是特有種。而峨眉山也是E·W·威爾森和荻巢樹德的老師——方文培教授最愛的植物採集地。

荻巢樹德至今仍持續維護一份峨眉山植物的清單，這項工作是由他現已過世的老師展開，荻巢樹德會加進新發現的物種，有物種絕種時也會記錄。此外，峨眉山也以一種特別的天氣現象聞名，山頂偶爾會出現巨大的彩虹光環，佛教徒稱其為「峨眉佛光」。身為中國四大聖山，峨眉山擁有76座寺院，據說也是中國武術的發源地。荻巢樹德前往峨眉山採集不下30次，並將山上的多種植物引進溫室，包括如火焰般熾紅的距花忍冬（*Lonicera calcarata*）、優雅非凡的峨眉岩白菜（*Bergenia emeiensis*）以及十大功勞屬的「*Mahonia x emeiensis*」和淫羊藿屬的「*Epimedium x omeiense*」等雜交種，這是他最愛的兩個屬。

最後這兩個屬——十大功勞屬和淫羊藿屬——是荻巢樹德多年的興趣所在（不過他近年也開始關注蜘蛛抱蛋、鐵線蓮、黃精等），他發現了許多新的十大功勞，其中有大約15種，包括體態勻稱、以他名字命名的

四川植物 PLANTAE SZECHUANENSES
Epimedium sp.
1992 3 April
Shuangshi, Lushan Xian, Sichuan alt. 950m
采集人: M. Ogisu 勾数 91002
鑑定人: 時期 年 月 日
四川大学生物系植物标本室

荻巢樹德1992年在中國採集的蘆山淫羊藿標本，
目前藏於英國皇家植物園。

「*Mahonia ogisui*」，現在都可以在蘭開斯特的花園中找到。1990年代末期，蘭開斯特得知荻巢樹德已在中國發現多種淫羊藿，便介紹世界級的淫羊藿專家威廉・史騰（William Stearn）和他認識。史騰對中國尚未發現的豐富淫羊藿相當感興趣，馬上開始著手從事相關工作，使人類已知的淫羊藿物種數量多了超過一倍。

史騰還表示，沒有人對淫羊藿領域的貢獻比荻巢樹德還大，從那時候開始，淫羊藿屬的規模越來越龐大，除了荻巢樹德和麻州園藝家達利爾・普斯特（Darrell Probst）的貢獻外，也出現越來越多的人為品種。目前這種嬌小、喜愛陰影、精巧的花朵千變萬化，形狀可能類似蜘蛛或主教法冠的多年生植物，已有超過65種被命名，中國擁有的52種中則有13種是由荻巢樹德發現。

為了紀念荻巢樹德的貢獻，有2種淫羊藿是以他命名：葉片上有美麗紅斑、花朵碩大潔白的蘆山淫羊藿（*Epimedium ogisui*）和擁有紫花及白花的直距淫羊藿（*Epimedium mikinorii*）。另一種秀麗的黔嶺淫羊藿「*Epimedium leptorrhizum* 'Mariko'」，則是荻巢樹德以他的愛妻真理子命名。

和超過1世紀前的韓爾禮相同，荻巢樹德也非常擔憂中國西部植物棲地遭受的嚴重破壞。這個現象在2本著作中有非常詳盡的記錄，一本由中國植物學家印開蒲所著，另一本則是英國樹木專家東尼・柯克漢（Tony Kirkham）和現已過世的馬克・佛萊納根（Mark Flanagan）合著；兩本書都比對了E・W・威爾森當年拍下照片的區域和其現今的面貌。

蘭開斯特語帶悲傷提到，荻巢樹德可說一刻不得閒，「總是身在某處，確認金頓・華德最後看見的某株附生百合，或是佛瑞斯特最後看見的某株豹子花是不是還在原處。」蘭開斯特也擔心，就和佛瑞斯特一樣，他的朋友荻巢樹德可能會沒有機會將他豐富的見聞和知識紀錄下來，這樣世界便會黯然失色。

關於荻巢樹德的歷史定位，蘭開斯特則表示，「他可以比肩威爾森和佛瑞斯特等人，他真的是個偉人，已經發現超過80種新物種，可以說隻手拯救了園藝文化這個高貴的傳統。曾有人稱他為『日本的林奈』，而我衷心認為，這個稱號他絕對當之無愧。」

雖然荻巢樹德目前還沒有撰寫回憶錄的計畫，但他的貢獻肯定不會被遺忘，因為只要定期打開他的IG（@mikinoriogisu），就能在上面發現許多超讚的新植物！

歐洲及地中海

有好幾個世紀的時間，植物都是透過戰爭和貿易在歐洲傳播。羅馬帝國日漸擴張，領土橫跨北方寒冷的不列顛尼亞和日耳曼尼亞，南至北非及地中海周遭大部分的國家，而植物便是在這個廣袤帝國中旅行的商品之一；有些植物則在帝國陷落後，和植物知識的短簡殘篇，一同保存在基督教修道院中。

神聖羅馬帝國是從羅馬帝國的西歐遺址中建立，8世紀末，查理曼大帝也為植物的傳播盡了一份力，他列了一份清單，並規定清單上的植物都要在帝國的疆域內種植，這使得數種地中海植物傳播到北非。

將近1,000年的時間中，古典時代流傳下來的知識在歐洲幾近佚失，不過大多數仍是妥善保存在伊斯蘭世界。許多希臘和拉丁文獻都曾譯為阿拉伯文，包括羅馬軍隊的醫生迪奧斯克里德斯（Dioscorides）在1世紀所著的《藥物論》（*De Materia medica*），這是古典時代最重要的藥用植物著作。這本書在文藝復興時代重新受到重視，將促使歐洲最早的一批植物獵人試圖找出書中的植物，這可說是一項壯舉，一直到1780年代仍在持續。但伊斯蘭伍麥雅王朝（Umayyad）的醫生伊本·賈朱（Ibn Juljul）其實早在數個世紀前就已達成這個目標，並於西元983年時在自己的版本中，補充了一些迪奧斯克里德斯當時沒發現的有用植物。

摩爾人統治西班牙南部時，也將他們的植物知識和園藝傳統帶到西班牙；而諾曼人於12世紀征服穆斯林的西西里島時，這些植物也和伊斯蘭教建造狩獵公園的習慣一起傳回諾曼地。不過整體來說，基督徒仍是抗拒從他們的異教敵人身上學習，除了豔紅的法國薔薇變種大馬士革薔薇（*Rosa gallica* 'Officinalis'）之外，並沒有什麼證據顯示十字軍曾帶回其他植物。

到了16世紀，基督教歐洲已經瞭解和強大的鄂圖曼帝國建立外交關係的好處，帝國鼎盛時期曾兵臨維也納城下，而各式來自土耳其和近東地區的球莖，也在歐洲北部大受歡迎。這些球莖也進入歐洲各地如雨後春筍般出現的新建植物園中，其中最有名的便是1545年建立的比薩植物園和帕多瓦植物園。

一開始這些植物只是供醫學生學習使用，後來卻促成植物學的建立，也就是研究植物本身的學問，而非將其當作藥物看待。隨著歐洲出現越來越多植物園，植物園也成了蒐集植物及交流植物知識的中心，而且也向學者開放，如同我們將在香豌豆的故事中所見。

番紅花
Saffron crocus

學名： *Crocus sativus*

地點： 希臘

時間： 西元前2400年

番紅花（*Crocus sativus*）的歷史已消逝在滾滾的時間洪流中，雖然50,000年前史前時代位於伊拉克的洞穴藝術中曾出現其蹤跡，但番紅花經人為培育的時間已經太久，久到連野生的起源都遭到遺忘。直到2019年的兩份研究才發現，番紅花應源自希臘雅典附近，不過初次經人為培育是在波斯地區（現今的伊朗）。

人為培育番紅花的祖先，是秋天開花的卡萊番紅花（*Crocus cartwrightianus*），經過數千年的演化，柱頭變

得越來越長，柱頭就是摘下來乾燥處理後作成番紅花香料的雌性器官。而且因為一株番紅花只有3個柱頭，柱頭又非常脆弱，只能用人工採摘，因此番紅花粉一直都是昂貴的香料。根據估計，要製造1公斤的番紅花粉，就需要用上17萬朵花。

番紅花無法自行繁殖，也不會產生種子，因此需要人為干預才能繼續繁衍下去。青銅器時代便已出現大規模培育番紅花的紀錄，愛琴海聖托里尼島上西元前1500年的壁畫，便描繪了邁諾安（Minoan）女性採集番紅花的情景。

這些壁畫顯示，番紅花不僅是一種重要的經濟作物，用於染色、化妝、香水，對女性來說也具有重要的宗教意涵。番紅花的採收由女神監督，藍猴子則在旁協助，牠們在邁諾安藝術中代表神聖的侍從；有趣的是，19世紀時克里特島諾索斯（Knossos）的文物修復師，竟把協助採集番紅花的藍猴子畫成男孩。壁畫也描繪一名女性用番紅花治療流血的腳，在上古時代，番紅花可說是萬

番紅花，皮耶爾‧喬瑟夫‧禾杜德（Pierre Joseph Redouté）繪，
取自《美花集》（*Choix des Plus Belles Fleurs*），
皮耶爾‧喬瑟夫‧禾杜德著，1827年~1833年。

Crocus sativus.

Safran cultivé.

Redouté.

Langlois.

170/1. Crocus Cashmerianus Dh.
Valles of Cashmere. (Cultivated.)
Lat. 34½° N

"Royle. Car

靈丹，從肚子痛到心情鬱悶都可以治療，最常見的用途則是舒緩女性的產痛和經痛。

番紅花的蹤跡遍及上古時代的歷史及神話，西元前24世紀~西元前23世紀建立阿卡德（Akkadian）帝國的薩貢（Sargon），據說就是生於幼發拉底河畔的「番紅花之城」阿茲帕里諾（Azuparino）；波斯人會將番紅花織入地毯和壽衣；「埃及豔后」克麗奧佩脫拉（Cleopatra）將番紅花灑在浴池中增添情趣，亞歷山大大帝也曾這麼做，卻是希望番紅花可以治療他的傷口；希臘詩人奧維德（Ovid）曾寫道番紅花是女神絲麥萊克斯（Smilax）的愛人所變，羅馬作家普林尼則是了無生趣地推薦可以用番紅花治療腎臟問題。商賈讓番紅花珍貴的球莖和香料得以在世界各地傳播，喀什米爾在西元前6世紀便開始種植番紅花，番紅花也從此地傳播到整個印度次大陸，並在西元3世紀抵達中國。

番紅花在羅馬帝國陷落後幾乎在歐洲絕跡，但摩爾人征服西班牙後，又和其他長久佚失的知識再度出現。黑死病肆虐期間（1347年~1350年），番紅花的需求及價格節節高升，使得商人和貴族之間為了控制市場鬧得不可開交，衝突後來還升級成為期將近4個月的「番紅花戰爭」。戰爭之後，瑞士城市巴塞爾（Basel）投票決定自行種植番紅花，並成為番紅花交易的重鎮，但很快就遭紐倫堡取代。紐倫堡頒布了嚴格的「番紅花法令」，規定這項珍貴香料的純度，若是純度不夠，犯人最重甚至可以判以火刑。

番紅花在中世紀依然大受歡迎，僧侶用番紅花取代黃金來裝飾手稿、皇室的廚師準備番紅花天鵝的盛宴、時髦的女士則用番紅花來染髮。有長達200年的時間，法國和英格蘭東部都大量種植番紅花，英格蘭艾塞克斯（Essex）的城市切平瓦登（Cheppinge Walden）甚至把名字改成番紅花瓦登（Saffron Walden）；到了1730年代，瑞士和德國殖民者則將番紅花引進美洲。然而，隨著更吸引人的新口味，例如香草、可可、咖啡等在18世紀逐漸普及，番紅花也失去了它的吸引力。

現今全世界的番紅花有90%都是產自伊朗，在波斯的手抓飯和康瓦爾的圓麵包等各式料理中，都能發現番紅花的蹤跡。其抗發炎及抗氧化作用也越來越受到重視，一些初步的實驗證實番紅花數百年來的抗憂鬱功能，也有人認為這種植物可以預防心血管疾病和癌症，不過這點尚未證實。

番紅花，不知名藝術家繪，
英國皇家植物園收藏，1828年~1831年。

鬱金香
Tulip

學名： *Tulipa*

植物獵人： 奧吉爾·吉斯林·德·布斯巴克

地點： 土耳其

時間： 1540年代

鬱金香在人類文明的發展上扮演非常重要的角色，不僅標記了貿易和宗教迫害的路線，也啟發新的藝術風格，還使經濟崩潰並讓國王垮台；鬱金香象徵了美麗、殉難、神聖（鬱金香的土耳其語拼音「lale」和阿拉相同）和至高的愉悅。

鬱金香的球莖是一種移動的資本，藏在逃離宗教迫害的難民口袋中，如同珍貴的寶石；17世紀的波斯

年輕人如果想要取悅情婦，也可以送她一朵鬱金香，使她理解「花朵的紅色代表他被她的美麗焚燒，黑色的基部則表示他的心已焦黑如炭」。而世界上也沒有其他植物，能夠讓一整段歷史以其為名。

即便鬱金香時常讓人聯想到土耳其，土耳其也確實是鬱金香傳播至全世界的發源地，鬱金香的分布範圍其實非常廣泛，共有120種，從南歐的岩岸、中亞的天山山脈，到黑海和裏海間的高加索山脈，都可以發現其蹤跡。土耳其擁有16種特有種鬱金香，其他鬱金香，像是仕女鬱金香（*Tulipa clusiana*）則是從中亞經古老的貿易路線傳入歐洲，隨即成為熱門的園藝植物，君士坦丁堡早在1055年便已開始種植鬱金香。

1540年代末期，法國博物學家皮耶·貝隆（Pierre Belon）也是在君士坦丁堡，看見這種他比擬為紅色百合的植物。他發現此地幾乎每座花園都有鬱金香，同時也注意到土耳其人對鬱金香的熱愛，他們總會在頭巾（turban）上塞一朵艷麗的花朵當作裝飾。

紅色鬱金香擁有炭黑色的基部，象徵愛人的熱情。
〈紅色鬱金香〉（*Tulipa eichleri*），
瑪莉·葛里爾森（Mary Grierson）繪，
英國皇家植物園收藏，1973年。

這便是鬱金香（tulip）名稱的由來，第一個把這種植物稱為「tulip」的人，是神聖羅馬帝國皇帝派遣到君士坦丁堡蘇利曼大帝（Süleyman the Magnificent）朝廷的大使——奧吉爾·吉斯林·德·布斯巴克（Ogier Ghiselin de Busbecq）。故事是這樣的，據說大使詢問身邊的護衛，頭巾上裝飾的花朵是什麼，因而學到了頭巾的名稱「tulband」，而不是指鬱金香的「lale」。

布斯巴克在鄂圖曼帝國待了7年（1555年~1562年），一般被認為是第一個將鬱金香引進歐洲的人，但之前貝隆就已發現滿載土耳其球莖的商船航向歐洲。不過這些軼事並不總是傳為美談，下面就有一則悲劇：據說有名安特衛普商人收到一包用衣物包裹的鬱金香球莖，卻誤把其當成洋蔥，因此把鬱金香放到熾熱的炭火上烤，最後還跟油和醋一起吃下肚。

根據記載，最早在1559年4月，巴伐利亞的某座花園中就已經有種植紅色鬱金香，種子來自君士坦丁堡，時間則早在布斯巴克完成外交使命回國之前。瑞士植物學家康拉德·葛斯納（Conrad Gesner）興奮地將其記錄下來，而歐洲第一幅鬱金香畫作便出現在他兩年後出版的書籍中，不過布斯巴克確實也有把一些鬱金香球莖寄給在維也納皇家植物園工作的友人卡羅斯·克魯修斯（Carolus Clusius）。

克魯修斯又名夏爾·德·勒克魯斯（Charles de L'Écluse），生於法蘭德斯，是個多方涉獵的文藝復興人，精通7種語言，並和歐洲各地的學者通

仕女鬱金香便是以植物學家克魯修斯命名，
他是歐洲第一個鬱金香收藏家暨推廣者，地位相當偉大。
席登漢·提斯特·艾德華茲（Sydenham Teast Edwards）繪，
取自《柯蒂斯植物學雜誌》，1801年。

信，還是史上第一個以科學方式，系統化記錄植物的歐洲人。他不僅是個熱愛動手實作的園藝家，也是個植物學家，並對學習如何種植如潮水般從鄂圖曼帝國湧進歐洲的各種植物非常有興趣，包括銀蓮花、瓔珞百合、鳶尾花、風信子、毛茛、水仙，特別是鬱金香。克魯修斯的信件總伴隨著種子和球莖，而鬱金香春天綻放的艷麗花朵，對了無生氣的歐洲庭園所帶來的非凡影響可說難以估量。這些植物當時就種在正式庭園狹窄的有蓋花床中，如同在展示櫃中展示的珠寶。

1593年，67歲的克魯修斯獲邀為荷蘭萊頓的新大學建立一座植物園，他帶了許多鬱金香一同前往，但或許因為他不太願意分享這些珍貴的球莖，所以不斷遭竊。當時鬱金香已成為一種具備經濟價值的商品，法蘭德斯宮廷繪師尤里斯・賀夫那赫爾（Joris Hoefnagel）便有一幅繪畫描繪和異國貝殼並排的鬱金香，可見最早在1561年~1562年，鬱金香就已擁有炫耀財的地位。鬱金香後來也出現在植物圖鑑中，這是一種在17世紀初興起的植物書籍，重點是展現植物的美麗，而非描述其功用。

對收藏家來說，鬱金香的魅力在於前所未見的繽紛色彩，可以整株是黃色、紅色、白色、紫色，有時也可以是混色。克魯修斯很早就注意到鬱金香自帶「脫穎而出」的能力，一開始是色澤平淡的花朵，下次開花可能會迸出第二種顏色的斑紋。但是，他也觀察到這種現象似乎讓植物本身大為衰弱，不僅會阻礙成長，葉片也會開始凋謝。因此，這種目眩神迷的綻放，對鬱金香主人來說總是「最後的告別」。

直到1920年代，人們才理解鬱金香身上瑰麗的斑紋，其實是由蚜蟲傳播的病毒造成。這種病毒會影響花朵的色素分布、抑制表層的顏色，讓底層常見的白色或黃色顯現。園藝家花了無數徒勞的歲月試圖重現這種效果，甚至還在土壤中摻入顏料。

鬱金香很可能是隨著胡格諾教派逃離法蘭德斯和法國的宗教迫害，一同飄洋過海抵達不列顛。1597年，英國醫師約翰・傑拉德（John Gerard）撰寫他頗富盛名的《植物誌》（Herb-all）時，已經能辨識出14種不同的鬱金香，而要詳細記載所有不同的變種，他則認為「恆河沙數」；不過這本書的內容其實大都來自無恥的抄襲，而且還充滿各式驚人的錯誤。另一方面，荷蘭的新教徒則是成功帶著鬱金香遠渡大西洋，在新阿姆斯特丹（現今紐約）落腳；其中一群人則是航向相反的方向，抵達荷蘭在南非的新殖民地。

到了這個時候，鬱金香種植在

法蘭德斯和法國已非常興盛，在越發繁榮的荷蘭共和國境內也逐漸站穩腳步。1620年代時，擁有華麗斑紋的鬱金香已是坐地起價，而其中最有名的品種，便是擁有珍稀紅白條紋的「永遠的奧古斯都」（Semper Augustus，據說全世界只有12朵）。1623年時一朵甚至要價1,000荷蘭盾，當時的平均年收入僅約為150荷蘭盾。

隨著全國陷入這股「鬱金香狂熱」，「永遠的奧古斯都」的價值後來更飆漲到10,000荷蘭盾，這已經可以在阿姆斯特丹時髦的運河邊買一棟房子。1636年，一朵「總督」（Viceroy）鬱金香仍要價2,500荷蘭盾，這筆錢總計可以買27噸小麥、50噸裸麥、4頭健壯的公牛、8隻肥嘟嘟的豬、12隻綿羊、2大桶紅酒、4大桶啤酒、2大條奶油、3噸起司、1張亞麻床、1整套行頭、1個銀杯；連時事觀察家都為之驚駭，認為這些金錢應該花在比花朵更實際的東西上。隨著鬱金香的價值水漲船高，鬱金香繪畫也成為熱門的替代品，甚至導致全新的藝術風格崛起。

1634年~1637年間襲捲荷蘭的鬱金香狂熱，創造了人類史上第一個期貨市場，因為球莖在採收前就可以販賣，所以也有人將2008年引發金融海嘯的衍生性金融商品投機風潮和其比擬。看見有人願意花大錢購買稀有的球莖，也讓越來越多鬱金香農進入市場，直到1637年2月，整個市場一夕之間土崩瓦解。

不過，和其他歷史事件相比，鬱金香狂熱並沒有帶來什麼災難性後果，有些人確實損失慘重，但荷蘭整體經濟並沒有受到太大的影響。

稀有的鬱金香價格甚至仍居高不下，而且在17世紀的歐洲，鬱金香也依然是非常熱門的植物，沒有失去其地位，直到英式庭園風格不再偏愛種滿花朵的正式庭園為止。但是就算到了那個時候，鬱金香在某些園藝家之間仍相當風行，他們彼此競爭，只為種出最完美、斑紋最繁複的鬱金香。

鬱金香的命運在西方雖已衰微，在鄂圖曼土耳其卻蓬勃發展，特別是在蘇丹艾哈邁德三世（Ahmed III）統治的1703年~1730年間，史稱「鬱金香時代」。事實上，土耳其人對鬱金香的熱愛從未消退，他們在1453年攻陷君士坦丁堡後，庭園文化便相當興盛，第一位鄂圖曼蘇丹穆罕默德二世（Mehmed II）就擁有超過12座充滿鬱金香的庭園，園丁人數更高達920人；四處南征北討，擴大鄂圖曼帝國疆域，南至摩洛哥及葉門，東至伊拉克，甚至一度兵臨維也納城下的蘇利曼大帝，上戰場時穿戴的是刻有鬱金

鬱金香，喬瑟夫・康斯坦汀・史泰德勒（Joseph Constantine Stadler）根據彼得・韓德森（Peter Henderson）的繪畫所繪，取自《植物聖殿》（*The Temple of Flora*），R・J・索頓（R. J. Thornton）著，1799年~1804年。

香的盔甲，平常穿的長袍也繡有鬱金香圖樣；大帝之子薩利姆二世（Selim II）則從敘利亞為皇家花園訂了50,000顆鬱金香球莖。而鬱金香紋飾也出現在各種瓷磚、地毯、袖珍畫以及彩繪手稿上，從1530年代開始，還成為精雕細琢的伊茲尼克（Iznik）瓷磚上的裝飾。

野生鬱金香在廣袤的鄂圖曼帝國持續遭到採集時，土耳其花農也開始培育出新的品種，到了1630年代，全伊斯坦堡共有超過300名花農；蘇丹穆罕默德四世（Mehmed IV）在1648年~1687年這40年的統治期間，也建立了官方的鬱金香名冊，詳細記載了每種鬱金香的名稱及其主人。不像荷蘭的鬱金香品種時常以虛構的將領命名，土耳其鬱金香的名稱較為詩意，像是「焚心」、「血燕」、「絕珠」等，而且只有最完美的品種才能出現在名冊中，名冊也會由專家小組持續更新，最終目的是要種植出最苗條的鬱金香。到了艾哈邁德三世的時代，早年圓潤的花朵已不再流行，換細長的花朵上位——鬱金香一定要有尖細的花瓣，和西方理想中的半球狀鬱金香截然不同。

對艾哈邁德三世來說，鬱金香象徵的是所有美麗、精緻、兼容並蓄的事物。在鬱金香時代期間，艾哈邁德三世將國事交給他的重臣伊巴拉辛·帕沙（Ibrahim Pasha）掌理，帕沙相當鼓勵帝國和西方的交流；蘇丹本人則是把心力放在美化伊斯坦堡。他在博斯普魯斯（Bosphorus）和金角灣（Golden Horn）建造奢華的夏宮，還在庭園種滿鬱金香，並召開豪奢的宴會，賓客的穿著必需搭配盛開的花朵，包括從荷蘭引進的新品種。

最奢華的宴會都是在大臣的宮殿瑟拉宮（Ciragan）舉辦，鬱金香花季期間，蘇丹若想在夜晚賞花，也完全沒問題，因為花床間會有背上插著蠟燭的烏龜徐步提供照明，寶塔和尖塔上也有大量鬱金香，點綴著互相輝映的燈火及籠中的鳥鳴。另外還有樂師一邊演奏，詩人一邊朗誦和鬱金香有關的詩歌。根據法國大使1726年的說法，花園中至少有50萬朵鬱金香。

有些人將鬱金香時期視為鄂圖曼文化的鼎盛時期，有些人則認為這是鋪張的浪費，但無論如何，這段時期都以悲劇畫下句點。1730年9月動亂爆發，艾哈邁德三世被迫退位，伊巴拉辛·帕沙則遭處死，而鬱金香也和他們一起失勢。伊斯坦堡上千朵珍稀的鬱金香，自此消失得無影無蹤。

西方後來則是由法國接續荷蘭的地位，成為最熱愛鬱金香的國家，維持了將近一個世紀，不過今日仍是荷

蘭宰制了全世界的鬱金香種植。令人
訝異的是，鬱金香的野外棲地原先是
夏季酷熱、冬季嚴寒的乾燥環境，卻
可以適應荷蘭填海造陸的溫和圩田。

此外，雖然荷蘭目前擁有大約
5,500種國際鬱金香名冊中的品種，鬱

金香田面積也達13,000公頃，但光是
其中特定的18種，便佔據了超過三分
之一的種植面積，地位曾如寶石般高
貴的鬱金香，現在也只不過是一種華
而不實的經濟作物。

鬱金香，西蒙·維瑞斯特（Simon Verelst）繪，
英國皇家植物園收藏，約1604年~1651年。

香豌豆
Sweet pea

學名：*Lathyrus odoratus*

植物獵人：法蘭西斯科‧庫帕尼

地點：義大利西西里島

時間：1696年

香豌豆（*Lathyrus odoratus*）是一年生藤本植物，原生於義大利西西里島和薩丁尼亞島，在西西里島國家公園崎嶇的山腰和路邊隨處可見，也能透過芳香遠遠聞到。第一個發現香豌豆的是西西里島的修士法蘭西斯科‧庫帕尼（Franciscus Cupani），他在現今帕勒莫省（Palermo）的密西梅里（Misilmeri）擁有一座著名的植物園。1696年，庫帕尼在那不勒斯出版的《教會的花園》（*Hortus Catholi-*

cus）一書中，便記載了植物園中的許多植物，其中就有香豌豆。他也將香豌豆的種子寄給歐洲各地的友人，包括阿姆斯特丹的凱斯博‧柯馬林（Caspar Commelin）、牛津植物園的雅各‧博巴特（Jacob Bobart），以及在1699年時寄給今北倫敦恩菲爾德（Enfield）的羅伯特‧烏維戴爾（Robert Uvedale）。

烏維戴爾是個缺乏熱忱的學校老師，卻對園藝非常熱衷，甚至還因重視植物超過學生而差點丟了飯碗。他也是試著在「爐子」，也就是擁有暖氣的溫室中種植植物的先驅，並因此「成為全國絕無僅有的偉大異國植物收藏大師」。

1704年，烏維戴爾把香豌豆拿給頗負盛名的英國植物學家約翰‧雷（John Ray），雷形容其為「一種聞起來非常香的西西里花朵，擁有紅色的枝幹，周遭環繞著唇般的淡藍色花瓣。」但柯馬林記錄的香豌豆枝幹是紫色、花瓣為天藍色，而現今販賣的香豌豆則是稱為「Cupani」或「Cupani's Original」的變種，這是來

香豌豆版畫，取自《美花集》，皮耶爾‧喬瑟夫‧禾杜德著，1827年~1833年。

160

自西西里島的野生種,花朵為深紫色或深紅色。

1753年,偉大的分類學家林奈讓情況變得更加混亂,因為他發現了另一種錫蘭原生種「*Lathyrus odoratus*

HERB. HORT. KEW.

Flora of Turkey
University Of Southampton

Lathyrus belinensis N.Maxted & D.J.Goyder

Location: Belin, Antalya. 9 Kms. from Kumluca on road to Antalya. Fl. Turkey Grid. Sq. C/3. Hab. Graveyard, fields and rocky hillside (*Ficus* and *Quercus* sp.)

Date: 09/05/87   Rock: Limestone Soil: Red Mediterranean
Alt: 560m   Latitude: 36 19 N   Longitude: 30 24 E

Coll: N. Maxted, R. Allkin and A. Kitiki 4192   Det: Nigel Maxted

var. *zeylanicus*」,花朵為粉紅色和白色,但這種植物的起源成謎,因為斯里蘭卡根本不種香豌豆。

無論如何,到了1720年代時,倫敦的園藝家已經可以買到「香甜的豌豆」,園藝家湯瑪斯・費柴爾德(Thomas Fairchild)更是大力推薦將其種植在城市的廣場中,因為香豌豆非常香,「聞起來像蜂蜜,還帶有一點柑橘的香味」。

1731年,市場上至少有3種顏色的香豌豆可供選擇,混色、白色的「Cupani」以及淡紅色的「佳人」(Painted Lady,第一種人為培育品種);但到了1788年,根據《柯蒂斯植物學雜誌》,「佳人」已不再紅潤,而是變成「白色及玫瑰色」。

香豌豆的多變讓遺傳學家非常感興趣,卻使園藝家大傷腦筋,其培育在19世紀開始發展,世紀之交時在蘇格蘭園藝家亨利・艾克福德(Henry Eckford)的手上達到高峰。他花了多年時間默默在瘋人院的花園中培育香豌豆,成功培育出味道一樣香,但更高、更健壯的香豌豆,而且花開得更大更茂盛、莖也更長。

艾克福德把這些比較大的花朵稱為「巨花」,隨後其中最大的一種,粉紅色的「第一女高音」(Prima Donna)在3座不同的花園中繼續

奈吉爾・馬克斯泰德博士1987年在土耳其採集的「*Lathyrus belinensis*」標本,目前藏於英國皇家植物園。

162

突變，最有名的便是1899年時在史賓賽（Spencer）家族位於艾爾索普（Althorp）的莊園中出現的「史賓賽女爵」（Countess Spencer）。其擁有巨大的粉紅花朵和波浪般的花瓣，後來更衍生出一整支花瓣同樣充滿皺摺的「史賓賽」香豌豆家族，而史賓賽家族正是已故黛安娜王妃的家族。

到了1900年時，香豌豆已非常受歡迎，倫敦甚至辦了一場相關展覽，展出的香豌豆種類令人震驚，包括擁有10種顏色的100株香豌豆，或是48株香豌豆裡就有36種變種。香豌豆可說是愛德華時代最流行的植物，滿溢在時髦的「香氣庭園」中，並當成花束裝飾餐桌，還讓園藝家E·A·包爾斯（E. A. Bowles）忍不住抱怨魚的味道都被搞壞了。1911年，英國報紙《每日郵報》（*The Daily Mail*）還祭出1,000英鎊賞金徵求全國最棒的香豌豆，最後吸引了超過35,000人報名。

到了這個時候，香豌豆可說是五彩繽紛，但是即便眾人努力嘗試，仍是沒人成功種出黃色的香豌豆。一直到1987年，奈吉爾·馬克斯泰德博士（Nigel Maxted）在土耳其的安那托利亞採集時，才遇上這麼一株壯麗的香豌豆，其枝幹紋理呈黃褐色，花瓣則是亮黃色，他將其命名為「*Lathyrus belinensis*」。

這種香豌豆和香豌豆親緣非常接近，馬克斯泰德也想辦法獲得3年的資金，展開繁殖計畫，但是3年過後，仍是無法穩定培育黃色的香豌豆。因此他便將種子交給其他園藝家嘗試，但目前都還沒有任何人成功。

即便這種香豌豆的種子目前已進行商業販售，馬克斯泰德仍是相當擔心其野生族群。他2010年回到當初發現它的山坡時，驚覺山坡大部分已遭到剷平，以建造巨大的新警察局，而原先的8,000株植物也只有約20%存活下來，他要拍照時竟然還遭到逮捕；2018年馬克斯泰德第三次回到當地，植物只剩50株。

雖然2019年國際自然保育聯盟（International Union for Conservation of Nature and Natural Resources，IUCN）的紅皮書將其列為極危物種，但目前並沒有採取任何保育措施，而馬克斯泰德也很擔心這種罕見的香豌豆，在野外可能早已滅絕。

黎巴嫩雪松
Cedar of Lebanon

學名：*Cedrus libani*

地點：黎巴嫩及敘利亞

時間：1636年

黎巴嫩北部的麥克梅爾山（Mount Makmel）上，有一片古老的雪松林，大約有1,200棵雪松，稱為「神的雪松」。這片林子是古代雪松林的遺址，曾經非常廣袤，綿延數千公里，遍布黎巴嫩及敘利亞的高地，但今日僅存17平方公里零零散散的林地。有人說神的雪松所在的地點，便是基督復活後向信眾顯靈之地，這些雪松從1998年起，就屬於聯合國教科文組織的世界遺產，雖然使其免於人為之害，卻無法逃過氣候變遷以及同年出現的兇殘葉蜂侵擾。這兩項因素，都對黎巴嫩雪松的生存造成了嚴重影響。

黎巴嫩雪松（*Cedrus libani*）的分布範圍介於海拔1,300公尺~3,000公尺，在黎巴嫩沿海的山脈、敘利亞的阿拉維特山脈（Alaouite）和土耳其的托魯斯山脈（Taurus）相當常見。其高度可達35公尺，壽命超過1,000年，但很少有黎巴嫩雪松能夠活到這麼久，因為其木材從遠古時代起便價值連城。而對這片森林的褻瀆，也孕育了人類最古老的文學作品——西元前2100年左右刻在泥板上的蘇美人史詩《吉爾伽美什史詩》（Gilgamesh），描述勇猛的國王吉爾伽美什在雪松林中追逐惡魔胡姆巴巴（Humbaba），後來不僅成功把他的頭砍掉，也把他的樹都砍光拿來建城。

後繼的文明持續砍伐雪松：所羅門王據說就是用雪松木來建造他的神廟（雖然喬瑟夫·道爾頓·胡克對這種說法嗤之以鼻）；在古埃及時代，雪松木相當稀有，因此成為盜墓賊的目標，其樹脂也可以用於防腐；腓尼

黎巴嫩雪松，龐克斯·貝沙（Pancrace Bessa）繪，
取自《法國露天種植喬木與灌木研究》
（*Traité des Arbres et Arbustes que l'on Cultive en France en Pleine Terre*），
H·L·杜哈梅（H. L. Duhamel）著，1800年~1819年。

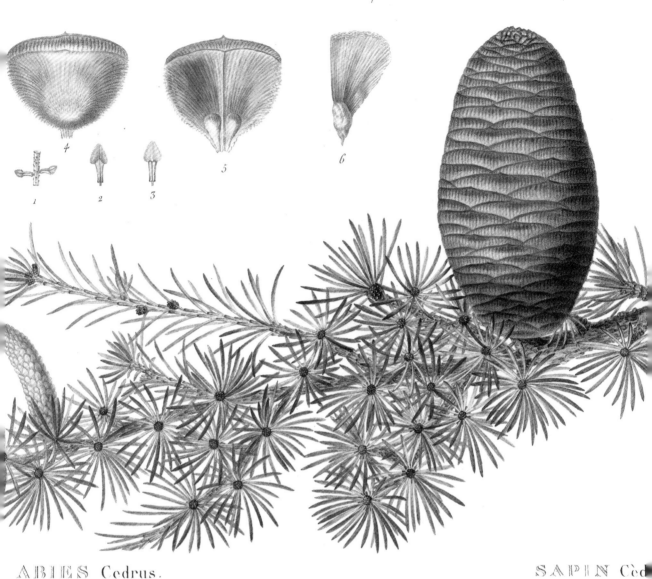

ABIES Cedrus.

pinsr

SAPIN Céd

基人用雪松木造船，而亞述人、希臘
人、羅馬人用雪松木建廟，8世紀耶路
撒冷的艾格薩（Al-Ausa）清真寺也有
一座穹頂是以雪松木建造；後來的法

國和英國殖民者，則是將雪松木當成
鐵路的枕木。但高貴的雪松仍象徵力
量和美麗，在聖經的《雅歌》（*The Song of Solomon*）中，雪松代表愛人

景觀設計師「潛力布朗」蘭斯洛特‧布朗最愛的黎巴嫩雪松，
18世紀時相當流行。100年後，在瑪麗安娜‧諾斯的〈格洛斯特郡，艾德利花園，雪松道〉
（*Cedar Path, Alderley Garden, Gloucestershire*）中，
成熟的雪松已長成氣宇非凡的參天巨樹。

的容顏：「他的形狀如利巴嫩，且佳美如香柏樹（雪松）。」，而雪松在整本《聖經》出現了至少103次。

黎巴嫩雪松據說是在12世紀時，由路易七世（Louis VII）和亞奎丹的艾莉諾（Eleanor of Aquitaine）於第二次十字軍東征後帶回法國，博物學家皮耶·貝隆1540年代在利曼（Le Mans）的花園中也有黎巴嫩雪松。黎巴嫩雪松在1630年代來到英國，當時阿勒坡（Aleppo）土耳其公司的牧師愛德華·波考克（Edward Pocock）退休後住在牛津，並成為柴爾德（Childrey）的教區牧師，他也在花園種了一棵黎巴嫩雪松，這棵雪松到現在都還昂然挺立。還有另外2棵種在威爾頓（Wilton），波考克的兄弟是當地潘布羅克伯爵（Earl of Pembroke）的牧師，1874年其中一棵遭到砍伐時，年輪共有236圈，表示大約是在1638年種植。

日記作家暨園藝家約翰·艾佛林（John Evelyn）則是1670年代第一批黎巴嫩雪松愛好者，大約是在這段時期，倫敦的切爾西藥草園也種植了來自萊頓植物園的4株幼苗，但這些幼苗一直到40年~50年後才長出毬果，黎巴嫩雪松才在英國普及。黎巴嫩雪松獨特的背影和層層疊疊的樹枝，使其非常適合時興的造景公園，這股風潮很快吹往歐洲各地，改變所有庭園的景觀，其中最有名的景觀設計師便是蘭斯洛特·「潛力」·布朗（Lancelot 'Capability' Brown，其稱號來自他總是向客戶說他們的庭園有「改進的潛力」）。他最愛的樹便是黎巴嫩雪松，因此成為了英式莊園美學不可或缺的一部分。

英國知名影集《唐頓莊園》（Downton Abbey）的開頭更是說明了一切：「就算是最醜陋的建築，只要有棵氣宇軒昂的雪松，便會瞬間威風八面。」《唐頓莊園》主要拍攝地之一的海克利爾城堡（Highclere Castle）為卡納文伯爵（Earls of Caernarvon）家族所有，他們也擁有德比郡的布雷特比莊園（Bretby Hall），此地在1677年種植了一棵黎巴嫩雪松，一直到1953年才死去。

雖然黎巴嫩雪松非常雄偉，芬芳的木材也相當堅固，雪松本體卻頗為脆弱，老樹很容易在風暴過後被吹得七零八落。當地相傳若有樹枝斷裂，代表家族中即將有人死亡，這實在所言不假。因為在1823年，本身也是個埃及學家的第五代卡納文伯爵出資贊助圖坦卡門陵墓挖掘，興致沖沖前往埃及見證開棺，但不到幾週他就因「法老的詛咒」一命嗚呼。

小麥
Wheat

學名：*Triticum aestivum*

植物獵人：尼古拉‧伊凡諾維奇‧
瓦維洛夫

地點：俄羅斯列寧格勒

時間：1921年

1943年1月26日，失勢的蘇聯科學家尼古拉‧伊凡諾維奇‧瓦維洛夫（Nikolai Ivanovich Vavilov）餓死在蘇聯西部薩拉托夫（Saratov）獄中。這對當時的死刑犯來說，是司空見慣的下場，但對瓦維洛夫卻是格外殘酷，因為他一生的志業就是要讓全世界免受飢餓之苦。

瓦維洛夫1887年11月生於富裕的中產階級家庭，這點後來被史達林拿來大作文章，但其實他的父親是在窮困的鄉下村莊長大，常常因作物歉收餓肚子。由於小時候曾體驗過食物配給的生活，他便時常提醒家人不要忘記眼前的富足是多麼脆弱。

瓦維洛夫在薩拉托夫曾度過一段美好時光，這是位於窩瓦河岸（Volga）的大學城，他在1918年~1921年的俄國革命期間，在此擔任農業學教授，進行過許多研究。他研究的領域是植物繁殖，在遺傳學家「現代遺傳學之父」孟德爾的影響下，他相信要治療植物的傳染病，就必需依靠基因工程，因此前往英格蘭和頂尖科學家學習。可惜在1914年戰爭爆發後被迫回到俄國，而且還差點因船隻撞上水雷而丟了小命。1916年瓦維洛夫還經歷更刺激的冒險，他前往伊朗研究人為培育品種的基因遺傳，並特別著重在大部分人類當作主食的穀物。

人類最主要的食物便是小麥屬的作物，在全世界都廣泛種植。小麥有很多種，最常見的就是用來做麵包的一般小麥（*Triticum aestivum*），全世界約有95%的小麥都屬於這種，還有

小麥，取自《德國、奧地利、瑞士植物》（*Flora von Deutschland Österreich und der Schweiz*），O‧W‧托米（O. W. Thomé）著，1886年~1889年。

做義大利麵的硬粒小麥（*Triticum durum*）和斯卑爾脫小麥（*Triticum aestivum var. spelta*）。最早在西元前9600年，肥沃月灣便已出現種植小麥的紀錄，今日世界最大的小麥生產國則是中國。

接下來的幾年間，瓦維洛夫找出了8個人為培育作物的「起源中心」（後來縮減成7個），也就是糧食作物生物多樣性最高的地區。這些地區常常和古文明的位置重疊，使瓦維洛夫開始相信，這些基因多樣性異常豐富、充滿變種的地區，就是所有糧食作物的起源中心。瓦維洛夫還認為，透過在野外採集這些糧食作物和其野生親戚，並研究造成其變異的因素，如抗旱、抗疾病、抗蟲害等，以及這些作物數百年來的演化，便能瞭解如何重製整個演化過程，進而培育出人類需要的作物。

1920年，瓦維洛夫的研究受到列寧關注，並指派他擔任蘇聯植物遺傳科學院（All-Union Institute for Plant Breeding）的院長，該機構位於列寧格勒，也就是現今的聖彼得堡。1921年春天，俄羅斯再度面臨大饑荒，最後共奪走500萬條人命，因此舉國上下最重要的目標，便是找到高產量的可靠作物。除了要能適應俄國各地的氣候，從乾旱的沙漠到西伯利亞的大雪，最重要的是必需要在俄羅斯大陸性氣候短暫的成長季迅速收成。瓦維洛夫飛快去了美國一趟，因為美國改良穀物產量的技術已頗為先進，並帶回61箱種子。

1923年~1940年間，瓦維洛夫和他的同事總計展開大約180次植物採集之旅，其中140次在蘇聯境內，其他則是探索世界各地的起源中心，並採集擁有經濟價值的作物，包括36,000種小麥、超過10,000種玉米、將近18,000種蔬菜、12,650種水果、超過23,000種豆類以及數量不相上下的糧食作物。他們的目標是留下所有物種的基因，方便接下來可以用來創造更優良的新品種。

1940年，瓦維洛夫已經採集了25萬株植物，並在列寧格勒建立人類史上第一座遺傳基因庫。這些作物在蘇聯境內橫跨各種氣候區、總數超過400間的研究站中種植及研究，某些研究站的職員還多達200人。1934年，瓦維洛夫手下負責農業研究的人數超過20,000人，負責在各式不同的生長環境下測試各種變種，試圖找出最適合當地的品種。

但這項偉大的事業，卻因瓦維洛夫的學生特羅芬·萊森科（Trofim Lysenko）劃下句點。萊森科對瓦維洛夫培育植物的謹慎作風相當不滿，這是

一個緩慢艱辛的過程，要先找出有用的基因，接著雜交和測試，最後還要再進行挑選。萊森科則認為，植物的基因在某個重要時刻會受環境因素影響而產生改變，這種改變可以遺傳給子代；舉例來說，只要在冬天冷凍種子，並在春天解凍，就能快速生產大量農作物，如此整年就都有採收不完的穀物。

這種說法根本毫無根據，後來也對蘇聯的農業造成毀滅性影響，但萊森科深得1924年接替列寧的史達林的寵信。而他的理論正好和史達林的世界觀相當契合，也就是蘇聯人民的生活，會受馬克思主義創造的新環境改善，而且將從此流傳千古；相較之下，瓦維洛夫相信的孟德爾學說，即不斷創造天生的階級差異。

此外，萊森科是來自未受教育的農民家庭，瓦維洛夫則出身都市、受過良好教育、至少精通5種語言、世界各地都有朋友，而且所有人都覺得他相當迷人風趣。簡而言之，他讓史達林感到自卑。

罪加一等的還有，西方學界也相當推崇瓦維洛夫（這點非常可疑），他不僅在黨之外獨立維持自己的外國人脈，還會在研究受到干擾時，直接跳過外交途徑解決。因此瓦維洛夫的權力逐漸遭到剝奪，1939年時蘇聯甚至禁止他到愛丁堡參加第七屆國際遺傳學大會（7th International Congress of Genetics），大會只好以一張空椅子代替他，蘇聯還強迫他辭去院長職務。1940年6月，瓦維洛夫前往烏克蘭採集植物途中遭到逮捕，罪名是替美國從事間諜工作，並判處死刑。

瓦維洛夫在薩拉托夫挨餓時，希特勒的軍隊正朝列寧格勒進發，列寧格勒遭入侵的幾小時內，隱士盧博物館（Hermitage Museum）的職員便開始撤離博物館的館藏，把50萬件收藏品移到安全的斯維爾德洛夫斯克（Sverdlovsk），也就是現今的葉卡捷琳堡。

但是，瓦維洛夫的遺傳基因庫可沒有這種撤離計畫，只有一批科學家喬裝成想要賣食物給軍隊的農民，並設法讓20輛卡車成功越過德國邊境進入愛沙尼亞。

德軍入侵後，他們盡可能把種子藏在地下室，希望能躲過敵人的轟炸以及飢民的搶奪，但這場轟炸始終沒有到來。最後9名守護種子的科學家和其他將近100萬人（該市至少三分之一的人口）一起餓死，寧死仍不願吃掉這些珍貴的基因資源，其中便包括稻米專家迪米崔·伊凡諾夫（Dmitry Ivanov）。他壯烈死在書桌前，身旁圍繞數千包稻米。

小麥，當時的學名為「*Triticum vulgare*」，
取自《德國、奧地利、瑞士植物》（*Flora von Deutschland Österreich und der Schweiz*），
O‧W‧托米（O. W. Thomé）著，1886年~1889年。

隨著二戰結束後萊森科當權，遺傳基因庫也被打入冷宮，瓦維洛夫的同僚不是被逮捕就是遭到遣散，他的名字也從官方的科學紀錄中抹去，直到1960年代中期平反為止。蘇聯解體時，瓦維洛夫當初的400間研究站只剩19間，其中6間位在俄羅斯之外的獨立新國家，而他提出的植物演化中心論也遭推翻，因為即便他找到的那些地點的生物多樣性確實都非常高，但植物的演化並不如他當初設想那般簡單，而是更為隨機複雜。

不過瓦維洛夫的想法卻十分契合現代，我們正面臨人口成長帶來的糧食短缺、影響人類和植物的全球傳染病、環境破壞及氣候變遷，因此迫切需要改良我們的農業，以因應這些迅雷不及掩耳的變化。要餵飽世界上所有人，並消滅貧窮及飢餓，我們需要新品種的糧食作物，像是耐熱、耐旱、耐洪水和其他極端氣候的變種作物，而且隨著生態系統瀕臨崩潰，我們也需要不依賴殺蟲劑、除草劑、大量肥料和水資源就能種植的作物。

此外，全球重要的糧食作物也正受各式無法治療的疾病蹂躪，如小麥的莖部會感染鏽病、橄欖受葉緣焦枯病（xylella）所苦，而唯一的解決辦法，就是培育出能夠抵抗這些病菌的品種，保存基因多樣性因此變得前所未見的重要。

距離瓦維洛夫建立人類史上首座遺傳基因庫以來，已經過了100年；現在全世界有超過1,700座種子庫，但瓦維洛夫基因庫的命運，顯示了基因庫有多脆弱，不管是面對戰爭、政治鬥爭、社會漠視、資金缺乏等，遑論地震或洪水等天災。這便是推動斯瓦爾巴全球種子庫（Svalbard Global Seed Vault）建立的動力，這是全球植物的最後一道防線，其中儲藏了數百萬顆種子，以確保地球上所有重要糧食作物及其野生親戚都能繼續延續下去。

種子存放在挪威斯瓦爾巴群島的史匹茲卑爾根島（Spitsbergen）上的深山中，相當偏遠，高度在海平面之上以防淹水，並由小島的永凍土自然冷藏（史匹茲卑爾根島距北極僅1,100公里）。斯瓦爾巴全球種子庫迄今已保存超過983,500種種子，整個空間足夠存放450萬~25億顆種子，保存時間長達2,000年~20,000年。

我們可以把這座種子庫，視為百年前的蘇聯科學家尼古拉・伊凡諾維奇・瓦維洛夫，所留下的偉大遺產。

非洲及
馬達加斯加

在所有大陸中，非洲的植物獵人史最為淵遠流長，人類史上第一次植物遠征，便是前往非洲之角（Horn of Africa）尋找神祕的乳香樹「ntyw」。咖啡傳說是在9世紀由一名牧羊人在衣索比亞發現，隨後滿腦子發大財的葉門商人也靠著咖啡發了大財，到了16世紀初期，咖啡已成為土耳其、埃及、中東等地的主要飲品。

17世紀則是有許多觀賞性植物，從荷蘭在非洲末端的新殖民地南非，如潮水般湧入歐洲，萊頓和阿姆斯特丹的植物園在接下來百年間，因此成為非洲植物的主要集散地。1690年代從西非海岸啟航的奴隸船，也為收藏家運送植物標本，牙買加的漢斯・史隆等人的收藏後來成了大英博物館建立的基礎。

擁有地中海型氣候的開普敦，也是早期某些英國植物獵人熱門的目的地，而從19世紀中葉起，歐洲庭園開始流行色彩繽紛的花床，也是南非提供了必備的植物。

然而，非洲大部分的植物仍是覆蓋著一層神秘面紗，即便拿破崙在1798年~1801年的埃及遠征期間曾帶著一名植物學家隨行，還有其他少數幾名勇者，包括19世紀中的德國植物學家古斯塔夫・曼（Gustav Mann）等人，都曾深入有「白人墳墓」之稱的西非。但人類還是要到20世紀中葉，才開始針對非洲的熱帶地區，進行系統性採集，最近數十年來更是蓬勃發展，因為我們已更加瞭解，熱帶地區對全球的生物多樣性來說，有多麼重要。根據2020年英國皇家植物園的《世界植物及真菌報告》（State of the World's Plants and Fungi）估計，世界上有五分之二的植物都瀕臨絕種，而在非洲這座還有許多豐富棲地尚待探索的大陸，情況可能更為嚴重。

今日的植物獵人已不再尋找觀賞性植物，他們現在的任務是趕在大批植物滅絕之前，盡可能找到這些理當存在的新物種，尤其是特有種。而第一步便是和當地的植物學家合作，一同找出這些植物及其棲地，並保育珍貴的植物資源，英國皇家植物園在這個過程中扮演重要角色。但數個世紀以來的殖民摧殘，以及隨後的長期衝突和政治動盪，都讓許多非洲國家在發展植物學上困難重重，像是幾內亞在2005年之前甚至沒有國家植物園，這可是植物研究的基礎。

早在1771年，法國博物學家菲利帕・康默生（Philibert Commerçon）便曾提及馬達加斯加島被認為是博物學家的應許之地，每個轉角都充滿驚奇，而今日馬達加斯加也是生物多樣性的寶庫。不過幾內亞、喀麥隆、安哥拉、莫三比克等地的年輕植物學家，也已證明他們的雨林一樣精采。

乳香樹
Frankincense

學名：*Boswellia*

植物獵人：哈謝普蘇

地點：索馬利亞

時間：西元前1470年

史上第一次植物遠征是由一名女子，後世所知唯二的埃及女法老哈謝普蘇（Hatshepsut）策劃——西元前1470年左右，她派遣一支軍隊前往傳說中的朋特（Land of Punt）尋找散發香氣的樹木，極有可能便是乳香樹（*Boswellia sacra*）。學者對朋特的所在地意見分歧，很可能是在現今的厄利垂亞（Eritrea）或索馬利亞，因為乳香樹在索馬利亞北部沿海的山脈最為常見，符合茂密森林的描述。

但無論朋特究竟在哪，哈謝普蘇派出的植物獵人帶回了31棵乳香樹，據說通往古底比斯雄偉墓葬群的代爾艾爾—巴哈里（Deir el-Bahari）的大道兩側，種植的就是這批乳香樹，此地是哈謝普蘇為自己建造的陵墓。

不過乳香樹的功用不只裝飾，沒藥和乳香等散發香氣的樹脂，在埃及的宗教儀式和醫學中相當重要，尤其是在製造木乃伊的過程。因此，哈謝普蘇這趟遠征的目的，不只是要開拓全新的海上貿易路線，更是要在埃及找到這種珍貴商品的供應來源，這可說是經濟植物學的濫觴。

哈謝普蘇對這趟遠征的成果相當滿意，還在墳墓的牆上記錄了此事：一系列繪畫和浮雕，描述了5艘船隻啟航、抵達朋特，並帶回滿艙「來自神之國度的美麗植物」；植物根部小心翼翼地保存在籃子中，船上還載著大批沒藥、金戒指、黑檀木、象牙。

乳香後來是成為基督教信仰的重要象徵，代表了基督神聖的顯現，也在相關儀式中扮演重要角色。燃燒乳香產生的香氣，為羅馬天主教、新教

乳香屬中有許多植物都會分泌擁有香氣的樹脂，
包括生長在索馬利亞北部的索馬利亞乳香樹和阿拉伯乳香樹。
取自《庫勒的藥草圖鑑》，F・E・庫勒著，1887年。

Boswellia Carterii Birdw.

阿拉伯文版《藥物論》中的乳香樹，
迪奧斯克里德斯著，西元987年~990年。

聖公會、希臘正教的信眾，提供了莊嚴的氣味。此外，香水師亦非常重視乳香，乳香在非主流療法中也越來越受歡迎，據說可以治療從關節炎到黑色素瘤等各種疾病。乳香也是一種常見的中藥材，羅馬博物學家普林尼則認為乳香是毒芹的解藥。

千年來，人類採集乳香的方式，都是透過在乳香樹上鑽洞，並刮下湧出的樹液，樹液風乾後便成為一汪汪金色的樹脂，在乳香樹的生命週期中，這樣的過程大概可以重複9次~10次，而且不會對樹木本身造成傷害。然而，過去10年間，這樣的採集方式讓許多野生的乳香樹族群都變得相當脆弱，很容易感染疾病或細菌，並造成商業種植的乳香樹幾近滅絕，如大宗商業乳香樹產地——衣索比亞各地的樹木正在以驚人的速度死亡。

更可怕的是，根據2019年7月研究的估計，在接下來15年間，乳香樹的數量將會減少50%。科學家在23個乳香樹棲地的研究顯示，有將近四分之三的乳香樹數十年間都無法自然繁殖：幼苗要不是受森林大火摧毀，就是被家畜吃乾抹淨；而成熟的乳香樹則是因不斷採集而精疲力盡，越來越無法產生能夠發育的種子。科學家的結論是，如果人類再不積極保育乳香樹，包括讓家畜遠離樹木和砍出防火帶，並在採集上更加節制，那麼在接下來20年間，世界上半數的乳香都會化作輕煙，一去不復返。

在索馬利亞採集的乳香樹標本，
目前藏於英國皇家植物園。

魔星花
Starfish flower

學名：*Stapelia*

植物獵人：法蘭西斯・馬森

地點：南非

時間：1796年

開普敦位於非洲好望角，原名為「開普」（Kaap），是荷屬東印度公司的補給站，負責補給往返荷屬東印度群島的香料船。1624年的乘客中，有一名叫作尤斯圖斯・尤爾紐斯（Justus Heurnius）的荷蘭傳教士，他是第一個畫下開普敦植物的人，其中便包括一種古怪又散發惡臭的星形多肉植物「魔星花」（*Stapelia*）。

將近50年後，生於德國的植物學家保羅・赫曼（Paul Hermann）也

來到開普敦，他的著作在他過世後多年，輾轉落入喬瑟夫・班克斯手中。很可能是因為這些著作，或是班克斯在返回英格蘭的航程中和開普敦植物短暫的邂逅，讓班克斯決定，第一名正式為英國皇家植物園採集植物的植物獵人，應該從南非開始。

班克斯挑選的人選是在皇家植物園擔任園丁的蘇格蘭人法蘭西斯・馬森，他於1772年10月抵達開普敦，隨即發現他來到一座植物天堂。當年這個蘇格蘭人熱切探索之地，今日已成為世界遺產「開普植物保留區」（Cape Floral Kingdom），雖然在世界上6座植物保留區中面積最小，植物卻最為豐富。沒有一個國家的植物能和南非一樣如此美麗、茂盛、多元，南非擁有的22,500種植物中，有大約16,500種是特有種，而開普植物保留區就擁有9,600種植物，其中70%為特有種，是世界上生物多樣性最豐富的地區，第二名的南美洲熱帶雨林的植物種類也只有其三分之一。

馬森在這裡採集了各種壯觀的植物，包括火把花、百子蓮、色彩繽紛

豹紋魔星花（*Orbea variegata*），
取自《植物學家的新發現與罕見植物大全》
（*Botanist's Repository for New and Rare Plants*），
H・C・安德魯斯（H. C. Andrews）著，1816年。

Plate 183

....tia, orbicularis

1   2   3   4   5

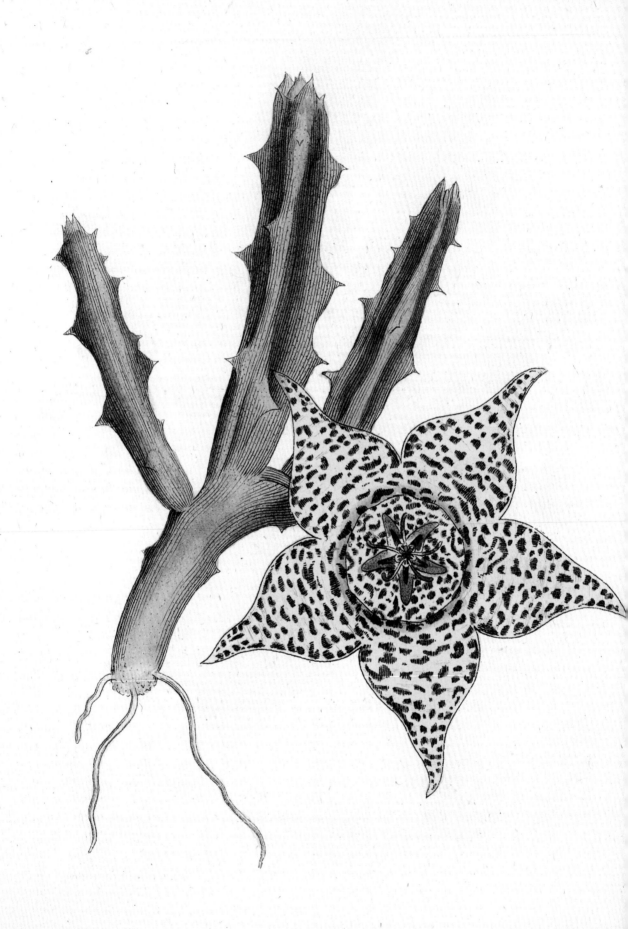

的石楠、雄偉的山龍眼、花朵顏色絢麗的綠松鳶尾（*Ixia viridiflora*）以及充滿異國風情的天堂鳥蕉（*Strelitzia reginae*），班克斯精明地以英王喬治三世的皇后——前梅克倫堡—史特里茲的蘇菲夏洛特公主（Princess Sophie Charlotte of Mecklenburg-Strelitz）命名。

更特別的還有馬森在東開普的森林中發現的「棕櫚樹」，其中一種有結實的枝幹，高達3.6公尺，「另一種則是沒有枝幹，葉片略呈鋸齒狀，就這樣長在地上，擁有大約46公分的大型圓錐狀果實，周長則是超過30公分」。這是馬森第一次發現蘇鐵，為開花植物誕生前數百萬年便出現的遠古植物，他當初採集的那株東開普巨型蘇鐵（*Encephalartos altensteinii*），現在還好端端活在皇家植物園的棕櫚屋中，是世界上最古老的盆栽植物。這株蘇鐵第一次也是唯一一次結出毬果是在1819年，當時身體狀況已經非常差的班克斯，此生最後一次來到皇家植物園，便是為了見識這顆毬果。

馬森花了3年的時間，在非洲內陸展開了3趟驚心動魄的探險，後2次是和師從林奈、超不受控的瑞典植物學家卡爾·彼得·鄧伯同行。1775年，鄧伯啟航前往日本（參見第70頁）之際，馬森則是帶著一大批植物回到英

格蘭，這是他到處採集所得，包括雲霧繚繞的山峰、乾燥炙熱的沙漠、冬天時宛如奇蹟般著色的貧瘠山丘，以及他此生所見「最多花朵點綴」的蒼翠平原。

隔年在《皇家學會科學會刊》（*Philosophical Transactions of the Royal Society*）上刊登的簡要報導，便記載了他們如何九死一生從獅子的血盆大口、充滿河馬的水池、高聳的絕壁、缺水的沙漠中逃出生天。這篇報導也是史上第一篇針對南開普和西南開普植物的詳盡記錄。

班克斯對馬森帶回的「大量植物」興奮不已，還曾提到在馬森的努力下，「英國皇家植物園很大程度上，已經超越歐洲所有類似機構，成為最優秀的植物園」。馬森的發現也引發了一股開普敦植物的熱潮，襲捲有錢人的溫室和窮人的窗台；他過世後沒幾年，原先是收藏家專屬的珍稀天竺葵，現在裝飾著「所有閣樓和小屋的窗台，而且所有溫室都因來自開普的無數球莖、植物、絢麗的石楠而熠熠生輝」。

1778年，班克斯派他的明星植物獵人啟航前往另一個方向，取道葡萄牙馬德拉群島、亞速群島（Azores）以及西班牙特內里菲島（Tenerife），前往加勒比海。但馬森卻空手而歸，

豹紋魔星花，當時的學名為「*Stapelia variegata*」，詹姆斯·索爾比（James Sowerby）繪，取自《柯蒂斯植物學雜誌》，1816年。

因為他在1779年法國入侵格瑞那達時遭俘，並在侵襲聖露西亞的颶風中失去一切。

兩年後他前往葡萄牙、西班牙、北非的第3趟旅程進展較為順利，但1785年末，馬森再度啟程回到開普敦，因為他深知這個國家仍然「藏有各種新的植物等待發掘，特別是多肉植物。」

但馬森一抵達就面臨排山倒海的懷疑，當時英國和荷蘭的關係已十分緊張，由於有間諜之嫌，馬森在沿海3個小時路程的範圍內都無法進行探索。這對班克斯來說是很大的挫敗，他寄信命令馬森繼續在沿海活動，不過這並沒有讓馬森卻步，因為前幾趟探險讓他對非洲乾燥地區的奇異植物極度著迷。他注意到殖民者是怎麼在草場貧乏的地區仍能畜養大批羊群，並瞭解到「他們的羊從來不吃草，只吃多肉植物以及各式各樣的灌木，其中許多都散發香氣，使得羊肉也帶股清香。」

人類對多肉植物所知甚少，因為「多肉植物很難保存，只能當場留下繪畫和紀錄。」馬森在最後一趟旅程中也無法達成這個目標，他必需趕在拉車的牛隻脫水前離開，因此只能採集「在路邊找到的植物，大約有超過100種先前從未被發現。」這其中便包括精雕細琢的海星花紋，蠱惑馬森臣服其下的魔星花。

馬森接下來9年都待在南非，並成為豹皮花屬的專家，他將標本寄回皇家植物園時還附上焦急的信件，詢問這些寶貝植物的狀況，好險1795年馬森返回英格蘭後，發現植物都頭好壯壯，這才安心。後續2年間，馬森出版了一本豹皮花屬的相關著作《魔星花》（*Stapeliae Novae*），共分為4部分，記錄了41種植物，其中39種為新發現，每一種植物也都附上從他自己的插畫衍生而來的手繪版畫。

豹皮花屬自馬森的時代以來便不斷擴充及細分，目前擁有大約29種非洲物種，主要都是在納米比亞和南非的乾燥山區發現。魔星花擁有和獸皮質地類似的細絲，會透過偽裝成腐屍和散發腐臭味，來吸引綠頭蠅，使得當地人也稱其為「腐肉花」。魔星花的偽裝相當成功，綠頭蠅甚至常會直接在花中產卵，有些魔星花，例如長柄魔星花（*Stapelia erectiflora*）和納米比亞魔星花（*Stapelia flavopurpurea*）則是會散發香氣，但這類魔星花相當稀少。

魔星花的五角花通常相當大，大花魔星花（*Stapelia grandiflora*）的花朵就可以達25公分。即便會長蛆並散發臭味，魔星花精雕細琢的花朵，仍

是使其成為相當受歡迎的盆栽，至少　　　天，享壽65歲，死前仍是擔任他最愛
喜歡多肉植物的人很愛。至於一生勤　　　的植物獵人工作，而且肯定也是最瞭
奮的馬森，則是死於嚴寒的加拿大冬　　　解魔星花魅力之人。

Stapelia hirsuta var. *vetula*，取自《魔星花》，法蘭西斯・馬森著，1797年。

石頭玉
Living stones

學名：*Lithops*

植物獵人：威廉·約翰·布雪

地點：南非

時間：1811年

　　植物獵人通常要花很長時間才能找到他們的目標，但有時候也可能就這樣碰上了，這便是1811年，威廉·約翰·布雪（William John Burchell）在南非北開普省採集時發生的經歷。布雪不小心踩到「一顆奇形怪狀的鵝卵石」，他撿起來一看，發現竟然是株植物，「雖然在色澤和外觀上，（這株植物）都和石頭很像，卻不斷生長」。布雪認為，這種如變色龍般融入周遭環境的能力，是造物主的聰

慧設計，能讓「這種多汁的小日中花（Mesembryanthemum），逃離家畜和野生動物的侵擾」。

　　布雪相當欣賞桌山上迷人的山龍眼、針墊花（leucospermum）以及芬布斯地帶（fynbos）寶石般的球莖，但這些他稱為陀螺日中花（*Mesembryanthemum turbiniforme*）的活生生小石頭，對他來說也同樣值得關注，因為：

　　「在造物的廣大系統中，沒有什麼是不夠格的，也沒有什麼是多餘的，最小的種子或昆蟲，對整體的美善來說，如同其他更大的東西，都是不可或缺的一部分……因為大自然的浩大而對其產生敬畏，或因其微小而鄙視，即可證明人類思維的渺小與想法的狹隘，最大的錯誤莫過於認為看不見的事物都沒有用，但其實這些東西常常對人類有很多好處。」

　　布雪很顯然並非尋常的植物獵人，並不會只關心自己找到的植物有沒有用處或是否具備觀賞價值，他和洪堡德（參見第258）、達爾文一樣，認為旅行的目的「單純只是為了獲取

兩種人為培育的石頭玉，微紋玉（*Lithops fulviceps*，當時的學名為*Mesembryanthemum fulviceps*）和蟹蚷草（*Conophytum bilobum*，當時的學名為*Mesembryanthemum elishae*），取自《柯蒂斯植物學雜誌》，1818年。

186

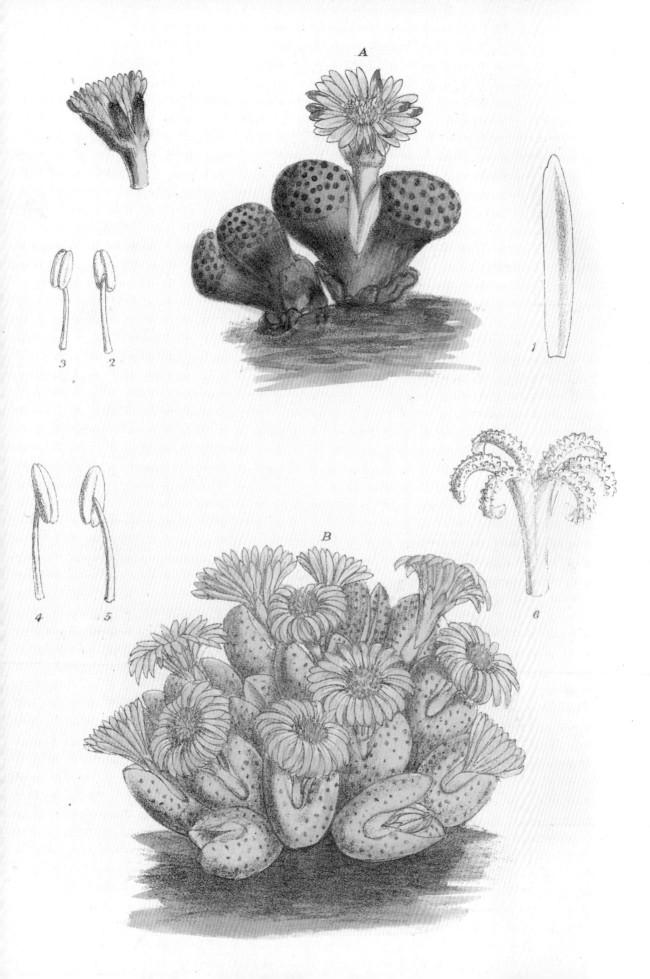

A

B

1

2

3

4

5

6

知識」，在這個演化論尚未出現的年代，把大自然中的關聯和適應歸因於「偉大造物主深謀遠慮的智慧」。

布雪1781年生於富勒姆（Fulham），父親是名成功的園藝家，因此在植物學界擁有良好人脈，皇家植物園的第一任園長威廉・胡克爵士，便是他的老朋友暨導師。1805年，布雪啟航前往偏僻的大西洋島嶼聖海倫娜島（St Helena），此地當時是英屬東印度公司船隻重要的補給站，運回歐洲的東方異國植物也常會在此停留；布雪原先的計畫是做生意，但公司不幸倒閉，他只好被迫擔任教師，這個和他意願相悖的不愉快職業。

他比較喜歡植物學，1807年開始在島上新設立的植物園工作，當時聖海倫娜島上的植物和動物都受濫伐和進口的羊群影響而大量死亡，布雪於是開始盡可能拯救這些生物（目前聖海倫娜島上的特有種植物僅有1%存活下來）。不過幾個月後，新來的總督便堅持把新建的植物園改成酒莊，布雪唯一的慰藉只剩等待未婚妻從英格蘭前來，但這名女士抵達後，卻愛上她搭乘船隻的船長並和他結婚。心碎的布雪在聖海倫娜島堅強地待到1810年，終於等到前往南非開普敦擔任植物學家的機會，他牢牢把握，並將其視為一個「更好的開始」。

但是衰運纏身的布雪抵達英國的新殖民地後，卻發現沒有工作在等他，不過他仍在南非繼續待了5年，並在1811年展開一場史詩般長達7,000公里的遠征，路線大多深入未經探索的蠻荒地帶。布雪最終採集了63,000件標本，其中有50,000件是植物、種子、球莖，後來都送回皇家植物園，而且每件都附有詳盡的筆記和準確的細節，詳細記載了採集地點，這對今日研究氣候變遷的科學家來說，可是極大的恩賜。

此外，布雪也蒐集了動物和人類學標本，同時還是個細心的觀察者，他觀察的對象包括殖民者和當地的「霍騰托」（Hottentot）社會，布雪寫道：「對我來說，幾乎所有真正屬於非洲的事物都非常有趣。」

布雪後來花了將近10年撰寫他的遊記和整理標本，於1822年～1824年間出版《南非內陸尋奇》（*Travels in the Interior of Southern Africa*），並在1825年啟程前往巴西探險，帶回另外23,000件標本。但在1830年回到英國後，布雪被大批收藏以及整理的壓力壓垮、陷入憂鬱，並於1863年試圖舉槍自盡，但就連開槍自殺都出了差錯，他最終在花園的小屋上吊，結束自己的性命。

布雪留下了大量遺產，包括以

他命名的「野生石榴」（*Burchellia bubalina*）、布氏斑馬（*Equus quagga burchellii*）、布氏犀牛等，他還是第一個發現石棉的人，同時在南非的地圖測繪和地理研究方面也貢獻良多。不過其中最新奇的應是石頭似的多肉植物石頭玉（*Lithops*），目前已自成一屬，為番杏科的一員，也是一種相當常見的盆栽。

根據估計，約有40種石頭玉生長在南非、納米比亞、波札那（Botswana）等地的乾燥地區，但因為石頭玉很難找到，目前仍持續發現新物種。石頭玉的外觀可以適應各式棲地，從石英鵝卵石路面，到乾燥顛簸的山坡、山中的裂隙、野外的草原等都能生存。此外，就算好幾個月沒有下雨，石頭玉也能存活，還能承受超過42℃的高熱及-5℃的低溫，有些石頭玉甚至可以從沙漠的霧氣或露水中，得到所需的所有水分。

每株石頭玉都擁有2片肥厚的半透明葉片，在土壤處相連，成為類似紅蘿蔔的根部。為了保存水分並躲避草

描繪拉克河（Lak River）桑族（San）獵人和採集者營地的插圖，
取自《南非內陸尋奇》，威廉·約翰·布雪著，1822年。

食動物，石頭玉幾乎整株長在地底，只在葉片頂端露出一小扇「圓窗」面對陽光。石頭玉這樣不見天日的生活方式，肯定會對光合作用造成影響，但是從葉片頂端射入的陽光，會集中在葉片內部整齊排列的葉綠體細胞中，使得光線能夠均勻穿透，卻不用過度曝露在危險的生存環境中。

一年一度的雨季來臨時，石頭玉的葉片間會長出生氣蓬勃的黃花或白花。散發香氣的花朵可以吸引蜜蜂或蒼蠅，花朵凋謝後，乾枯的石頭玉會裂開，接著迸出一對肥厚的新葉。石頭玉的種子也相當適應沙漠生活，可以在「遇水則發」的種子莢中保存數年，只有在下雨時才會打開，接著便會快速發芽生長，盡可能把握短暫的有利生存條件。

大翠玉（*Conophytum truncatum*，
當時的學名為 *Mesembryanthemum truncatellum*），
取自《柯蒂斯植物學雜誌》，1874年。

咖啡
Coffee

學名：*Coffea*

植物獵人：亞倫‧P‧戴維斯博士

地點：衣索比亞

時間：現在進行式

雖然目前仍有少數意志堅定的植物獵人，努力為我們的花園尋找新的觀賞性植物，像是肯尼斯‧科克斯（Kenneth Cox）、丹尼爾‧辛克利、羅伊‧蘭開斯特（參見第140頁）、布列登‧韋恩—瓊斯、蘇‧韋恩—瓊斯（參見第136頁）等，當代大多數的植物獵人，都是為植物園、大學、研究機構工作的科學家，試圖從氣候變遷、水源短缺、疾病、大規模棲地破壞的威脅中，瞭解、記錄並拯救植物。而名單上最優先的植物，便是全球重要經濟作物的野外親戚，如果我們要餵飽所有人類，就必需保育這些植物。

有趣的是，世界上最重要的經濟作物其實是種飲料而非食物，咖啡是種國際性商品，不僅支撐著價值數十億美金的全球工業，全世界更有將近100萬人靠咖啡維生。然而，咖啡工業的未來正受加劇的氣候變遷威脅，可能會造成旱災、洪水、時令改變以及毀滅性的溫度上升，這些全都會導致害蟲和疾病擴散。而扛下拯救世界最受歡迎飲品，以及數個熱帶國家經濟這個重責大任的，就是英國皇家植物園的資深研究員亞倫‧P‧戴維斯（Aaron P. Davis）博士，他目前正和馬達加斯加、衣索比亞、非洲其他地區的夥伴密切合作，試圖找出永續發展的方法。

咖啡是來自咖啡屬（*Coffea*）的常綠灌木，目前該屬共有124種植物，不過其中只有2種宰制全球咖啡市場。世界上60%的商業咖啡樹屬於阿拉比卡咖啡（*Coffea arabica*），源自衣索比

阿拉比卡咖啡，取自《重要醫學植物》，
J‧J‧普朗克著，1788年~1812年。

Tab. 130.

COFFEA ARABICA L.

Der Arabische Caffee.

亞和南蘇丹的涼爽高海拔熱帶森林，最早從16世紀起便在這些地區種植，野外採集的歷史則更久遠，長達數千年。阿拉比卡咖啡是最棒的咖啡，口感溫潤、香氣濃郁、帶有天然甜味、咖啡因含量適中，咖啡豆和咖啡粉用的通常都是這種豆子。

另外40%則主要屬於羅布斯塔咖啡（Coffea canephora），源自熱帶西非和中非的低地，雖然1897年才被發現，卻迅速獲得全世界咖啡農的接受。因為羅布斯塔咖啡不僅比阿拉比卡咖啡更能適應環境，產量也更高，對疾病的抵抗力也比較好，特別是咖啡葉鏽病。此外，羅布斯塔咖啡的咖啡因含量也較高，雖然口感比較差，但加進濃縮咖啡中，咖啡就會更濃稠，上面的油脂也會更厚，因此羅布斯塔咖啡常用於即溶咖啡。

還有第三種同樣來自熱帶非洲的賴比瑞亞咖啡（Coffea liberica），全世界都有種植，常用於嫁接阿拉比卡咖啡和羅布斯塔咖啡。雖然在菲律賓頗受歡迎，但在全球咖啡市場的佔比卻小到可以忽略。賴比瑞亞咖啡因其對疾病的抵抗力較好，而於19世紀末期在亞洲大規模種植，不過後來便被口感更好，也更容易種植的羅布斯塔咖啡取代。

人類大部分重要作物的種植歷史都已長達數萬年，但是如同戴維斯指出，羅布斯塔咖啡便充分顯示了探索野外物種所蘊藏的無限潛能。這原先只是一種野生植物，頂多只是小規模

阿拉比卡咖啡的花朵和豆子，馬努‧拉（Manu Lall）繪，
屬於所謂的東印度公司藝術風格（Company Art），
也就是英屬東印度公司委託印度藝術家創作的作品。英國皇家植物園收藏，19世紀。

咖啡樹,取自《賴比瑞亞咖啡在錫蘭》(*Liberian Coffee in Ceylon*),
G·A·庫威爾(G. A. Crüwell)著,1878年。

阿拉比卡咖啡，取自《常見藥用植物的可信描繪及描述》
（*Getreue Darstellung und Beschreibung der in der Arzneykunde Gebräuchlichen Gewächse*），
F·G·海恩（F. G. Hayne）著，1825年。

的村莊作物，卻在短短120年間，成為足以左右全球市場的重要作物。那麼誰又知道其他121種人類不甚了解的咖啡，能帶來什麼益處呢？

這些咖啡可能擁有耐疾病、耐熱、耐旱的有用特質，可以引進人為培育系統，讓我們喝的咖啡變得更具韌性，抑或是這些咖啡也可能單純只是更好喝。在漸趨精緻化的市場中，全新的頂級咖啡可以為窮困國家帶來額外的珍貴收入，像是衣索比亞人民收入的最大來源便是咖啡，約有2,000萬人，也就是四分之一的人口依賴咖啡維生，而咖啡佔衣索比亞出口收入的比例也達三分之一。

促使戴維斯出發前往上西非地區的低地森林中尋找狹葉咖啡（Coffea stenophylla），便是20世紀初留下的品嘗紀錄。這種咖啡口感相當好，狹葉咖啡一度在獅子山及鄰近國家大規模種植，但自1954年後便在野外絕跡。2018年時，戴維斯和植物學家同事傑瑞米·海格（Jeremy Haggar）和丹尼爾·薩姆（Daniel Sarmu），終於在獅子山找到兩個規模非常小的野生狹葉咖啡族群，其中一個甚至只有一棵咖啡樹。

隔年薩姆還在獅子山附近，發現另一種傳說同樣已經「失落」的「Coffea affinis」咖啡，先前只生長在幾內亞和象牙海岸，人類最後一次在野外看見是1941年，而這兩種咖啡的棲地也正受伐木和採礦的威脅。

這對戴維斯來說並不意外，根據他在皇家植物園帶領的研究團隊統計，全世界至少有60%的野生咖啡，也就是124種中的75種都已瀕臨絕種，其中便包括阿拉比卡咖啡。國際自然保育聯盟的紅皮書已將其列為瀕危物種，無論是野生和人為種植的族群都正遭受威脅，因為這種咖啡原生於海拔950公尺~2,000公尺間涼爽潮濕的山林，對氣候非常敏感，因此正在和漸升的溫度和漸減的降雨量拔河。

根據估計，2088年時，衣索比亞的野生阿拉比卡咖啡單單因氣候變遷就會滅絕，這還沒考慮到會對所有咖啡造成傷害的因素，也就是棲地縮小和破壞。因為咖啡對生長環境非常挑剔，不是處在完美的條件下就無法繁殖，而砍伐咖啡樹當作木材或燃料、人為開發導致的棲地破壞，讓野生咖啡的族群變得太小也太隔絕，而根本無法壯大。

人為種植的阿拉比卡咖啡也正在遭受威脅，即便有超過30個國家在種植，卻只有少數幾種栽培品種（cultivar，即透過人為培育以留下特定特徵的變種）。由於缺乏基因多樣性，阿拉比卡咖啡面對害蟲或疾病時將會

非常脆弱，同時也無法因應惡化的氣候和極端的天災。更糟的是，咖啡甚至沒有最後一道防線，因為目前還沒有相關研究證實，傳統的種子庫能夠成功保存咖啡，因此都只能採用活體保存。

戴維斯強調，時間是關鍵，因為許多他認為能夠培育出強健咖啡變種的野生咖啡，它們的絕種機率都非常高，有幾種甚至已經超過一世紀都沒有人看見，很可能早已滅絕。戴維斯也有在記錄新發現及重新發現的咖啡，光是在馬達加斯加就有20種，他強調這應該歸功給他的非洲同事，因為他們技巧比較好，能夠在稠密的叢林中迅速找出與眾不同的咖啡樹。

戴維斯長期合作的夥伴，便包括馬達加斯加的植物學家法蘭克·哈托奈索羅（Franck Raotonasolo）博士，他不辭辛勞搭了960公里的巴士，並在叢林中跋涉了半天，只為採集從1841年起便沒有人看過的「*Coffea ambogensis*」咖啡。但回程途中巴士不幸翻覆，這名受傷的植物學家第一件事就是拯救這棵植物，並安全將標本送到皇家植物園檢驗。檢驗結果證實，這棵植物確實是「*Coffea ambogensis*」咖啡，其和另一種在馬達加斯加發現的「*Coffea boinensis*」咖啡擁有世界上最大的咖啡豆，大小是阿拉比卡咖啡豆的兩倍。

咖啡的口感除了來自豆子本身的差異外，加工過程的影響也不相上下，咖啡樹會結出小小的紅色果實，有時也會是黃色或紫色，稱為「咖啡果」，在大部分產地都還是用人工摘採。咖啡果柔軟、黏膩、香甜的果肉（中果皮）藏有2顆種子，每顆種子被包在豆殼（內果皮）中。咖啡果的外皮、果肉、豆殼經乾燥或研磨方式處理後（果肉也可以食用），便會留下類似豆子的綠色咖啡種子。而這些種子經過清洗、乾燥、混合，最後再經過烘焙，就會變成我們熟悉、散發陣陣芳香的咖啡豆。

咖啡烘焙是和釀酒一樣深奧的一門藝術，咖啡鑑賞家也和侍酒師一樣滔滔不絕談論他們最愛的搭配，用來描述咖啡的語言也和品酒同等細緻複雜，而最頂級的咖啡，當然也跟頂級美酒一樣要價不菲。不過對咖啡初學者來說，面對各種讓人困惑的風格，前方正有一趟探索之旅在等著你！

〈咖啡葉、咖啡花、咖啡果，繪於牙買加〉
（*Foliage, flowers and fruit of the Coffee, Jamaica*），
瑪麗安娜‧諾斯繪，1873年。

鳳凰木

Flamboyant tree

學名：*Delonix regia*

植物獵人：溫切斯拉斯·博耶爾

地點：馬達加斯加

時間：1829年

馬達加斯加島是世界第四大島，也是世界上生物多樣性最豐富的地方。島嶼在1.6億年前和非洲大陸分裂，並在9,000千萬年前~7,000萬年前和印度分裂，如此長時間地理隔絕的結果，便是島上演化出獨特的動物和植物。馬達加斯加島多樣的地質、地理、氣候環境、棲地，提供了物種許多演化機會，在隔絕的環境兀自蓬勃發展，使得島上充滿豐富的野生生物，而且大部分都是特有種，在地球其他地方都找不到。

根據上一次統計，因為我們隨時都在發現新物種，馬達加斯加共有將近11,300種原生種植物，其中大約有十分之一是蘭花，而在全島的植物中，有83%是特有種，包括整整5個木本植物科以及306個屬。馬達加斯加的棕櫚樹特別豐富，擁有的棕櫚種類比整座非洲大陸還多三倍；看起來像來自另一個世界的猴麵包樹（*Adansonia*），目前已知的8種中，便有6種是馬達加斯加特有種，同時也是馬達加斯加的國樹。

馬達加斯加許多植物的分布都十分限縮，生存因而無可避免受到威脅，主要來自火耕造成的濫伐，所以大部分新發現的植物，從發現的那一刻起，便常常面臨絕種風險。森林遭到焚燒，林木變成煮飯用的柴火，其他植被則成為土壤的養分，通常是用來種玉米或稻米；幾年後地力耗盡，農夫又會前往下一片林區，植被又會持續遭到焚燒，以成為放牧當地牲畜肩峰牛的草場。

但對環境帶來危害的不只火耕，

鳳凰木，山中麻須美繪，取自《柯蒂斯植物學雜誌》，2020年。© Masumi Yamanaka.

Pub by S. Curtis, Walworth, Feby 2, 1822.

氣候變遷也造成大量猴麵包樹突然死亡，科學家也相當擔心那些無法再傳播種子的植物，未來的命運將會如何。說來奇怪，馬達加斯加缺乏嗜吃水果的鳥類，這個角色在當地是由狐猴扮演，但是某些植物，包括一些棕櫚樹和猴麵包樹的種子都太大，狐猴根本沒辦法食用。

因此，根據推測，這些植物從前的繁衍，應是由現已絕種的生物負責，像是和樹懶一樣大隻的狐猴、侏儒河馬、特大的陸龜以及傳說中的象鳥，這是一種類似鴕鳥的生物，最後一次有人見到是在17世紀。

英國皇家植物園從1880年代起，便開始研究馬達加斯加的植物，並在一個世紀後於首都安塔那那利弗（Antananarivo）設立英國皇家植物園馬達加斯加保育中心（Kew Madagascar Conservation Centre，KMCC）。該單位積極參與各種保育活動，包括鼓勵農夫種植更多馬鈴薯、保存種子以預防野生植物絕種等。目前安塔那那利弗的種子庫已存有大約7,000顆種子，物有種數量達3,000種，在英國皇家植物園的千禧年種子庫（Millennium Seed Bank）中也有備份。然而，某些雨林物種已證實完全無法從種子開始種植，因此就必需直接將活體保存在植物園中，這樣未來才能藉此復育馬達加斯加的雨林。

幸運的是，並非所有馬達加斯加植物都面臨絕種的威脅，像是樹如其名的鳳凰木（*Delonix regia*）便是在1829年，捷克植物學家溫切斯拉斯·博耶爾（Wenceslas Bojer）到馬達加斯加採集植物時發現。到了19世紀末，鳳凰木就已在熱帶地區廣泛種植。理由很簡單，因為鳳凰木是一種雄偉的樹木，能夠長到9公尺~12公尺高，還擁有巨大的茂密傘狀樹冠，寬達18公尺~21公尺，可以提供大範圍的遮蔽。

雖然在擁有明顯乾季或嚴寒冬季的地區，鳳凰木含羞草般的齒狀樹葉會凋謝，但在其他地區基本上都是常綠，而鳳凰木最耀眼的地方莫過於其艷麗的深紅花朵，每一朵都有10公分大，花季時樹冠上宛如掛滿燃燒的火焰，花季結束後則是會結出長達60公分的巨大豆莢，從樹冠上垂下。

鳳凰木長年在馬達加斯加廣泛種植，不過野生鳳凰木要一直到1930年代，才在島嶼西部乾燥樹林中的破碎棲地重新被發現。這種備受歡迎的樹木，目前在許多熱帶和亞熱帶地區的野外也都相當常見（只有澳洲把其當成雜草），不過為了以防萬一，鳳凰木的種子仍是被保存在馬達加斯加當地的種子庫中。

鳳凰木最初的模式標本，
根據發現者溫切斯拉斯·博耶爾的素描所繪，
取自《柯蒂斯植物學雜誌》，1829年。

林梭尼樹
Linsonyi

學名：*Talbotiella cheekii*

植物獵人：桑德・范・德・伯特

地點：幾內亞

時間：2017年

究竟為什麼，一種高達24公尺、穩固的樹幹直徑達83公分、開滿鮮豔紅花和白花的巨大雨林樹木，會一直到2017年才為世人所知？更不要說這不是只有單單一棵，而是有好幾棵就這麼長在幾內亞首都柯那克里（Conakry）郊區的主要幹道旁。

這可以說是一個彰顯植物獵人核心困境的完美案例，因為這種樹對當地人來說，當然是再熟悉不過。在蘇蘇語（Susu）中稱為「林梭尼樹」（Linsonyi），還有一個更敘述性的名字叫「來自瓦奇方的硬木」（Wonkifong wouri khorohoi），這其實是1753年以前描述所有植物的方式，直到林奈發明今日科學家所使用的更為簡便經濟的二名法命名系統。

這種樹的學名是在2018年時，由英國皇家植物園的學者桑德・范・德・伯特（Xander van der Burgt）命名為「*Talbotiella cheekii*」，伯特是用他的上司——非洲暨馬達加斯加組的組長馬汀・奇克命名。奇克已研究幾內亞和喀麥隆的植物超過20年，並積極推動在當地設立新的保護區，以保育這些快速消逝的植物。因為植物只有在正式「被發現」且經過描述後，才能收錄在國際自然保育聯盟的紅皮書中，並界定其受脅程度，任何保育計畫也需要在這之後才可能開始進行。

和幾內亞許多植物相同，林梭尼樹也屬於「瀕危」物種，幾內亞是西非生物多樣性最為豐富的國家之一，擁有將近4,000種維管束植物，其中有超過270種瀕臨絕種，包括幾內亞境內

桑德・范・德・伯特2017年在幾內亞採集的林梭尼樹標本，目前藏於英國皇家植物園。

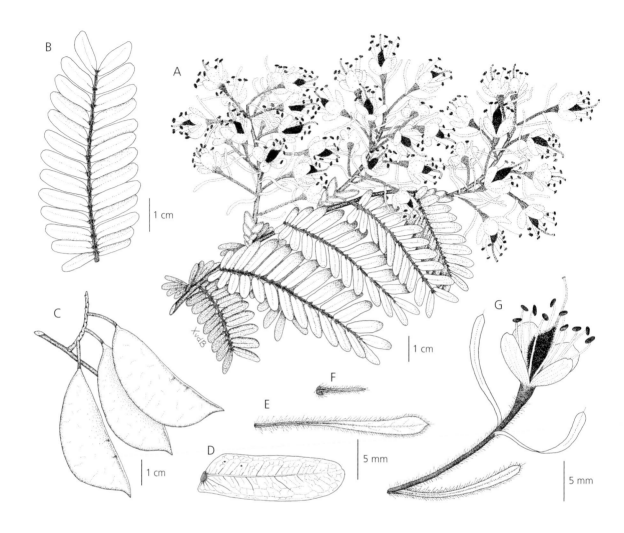

所有74種特有種。許多植物的生存都受露天採礦危害，因為幾內亞擁有全世界15%的鋁土，產量佔非洲的95%，同時還產鐵、銅、鈾、鑽石、黃金。

到了1992年時，幾內亞的雨林約已有96%都被火耕或畜牧業破壞，只有在發現林梭尼樹的低地還保有一些破碎的棲地。這些樹就長在陡峭崎嶇的山坡上，目前仍未受人類定居破壞，而在正式出發採集前，英國皇家植物園的團隊也先行使用Google Earth掃描森林地帶，好取得更多線索。

奇克認為幾內亞35種最珍稀的植物，包括25種特有種，應該都早

林梭尼樹，桑德·范·德·伯特繪，2018年。
© Xander van der Burgt.

已不復存在。2019年在庫庫坦巴瀑布（Koukoutamba Falls）發現的「瀑布之花」（*Inversodicraea koukoutamba*），其棲地遲早會遭水力發電計畫破壞；2018年在鄰近的獅子山發現的新植物大利比花（*Lebbiea grandiflora*），一整個屬也都遭遇了相同的命運。這是一種生長在瀑布邊的植物，因而演化出能夠攀附在裸岩上的構造，是在為新水壩進行環評時被發現，但環評並沒有拯救這個族群。雖然隔年又發現了第二個族群，卻也不幸是位於命運多舛的庫庫坦巴瀑布邊。

奇克強調，在這些植物絕種前找到他們非常重要，並不只是出於科學上的目的，而是因為這些植物也有可能為人類帶來幫助，像是最近在幾內亞第四大城金帝亞（Kindia）附近的沙岩懸崖上發現的金帝甘甘花（*Kindia gangan*）。它是一種相當美麗的灌木，擁有鈴鐺狀的白花，其鮮豔的橘色花粉中，含有超過40種不同的三萜類（triterpenoids），也就是具備抗癌效果的化合物。

雖然當地傳統認為林梭尼樹可以「用來消除巫師的魔力」，但目前還沒發現什麼實質療效，這種樹屬於豆科的一員，特別之處是棲地位在其他同屬植物的極西處，其他植物主要分布在喀麥隆或加彭。不過這可絕對不是桑德·范·德·伯特在非洲雨林中發現的第一種巨樹，他在喀麥隆還發現過其他更巨大的豆科親戚，包括庫魯普鞋木（*Berlinia korupensis*），高度是林梭尼樹的兩倍，豆莢可以長達將近31公分，而紐氏大瓣蘇（*Gilbertiodendron newberyi*）則是可以高達50公尺，樹幹直徑則接近2公尺。這些植物和林梭尼樹相同，都是透過「彈射」種子傳播，即乾燥的豆莢會爆開，讓種子以高速朝四面八方噴射。

和當地植物學家合作下，桑德·范·德·伯特目前已發現超過14種新的雨林樹木。這絕非如想像中容易，為了要辨識樹葉長在極高處的樹木，就必須擁有如登山般的大膽爬樹技巧。另外，沒有看到花朵也就無法做出準確的判斷，而麻煩的是植物的花期可能稍縱即逝，像是林梭尼樹就只有在乾季結束時才會突然開花，而且花期僅持續4天~5天，錯過的話可能會讓人相當灰心。

北美洲及墨西哥

15 19年西班牙征服後來成為墨西哥的地區時，北美洲南部是由阿茲特克人統治。入侵者發現的不只是個熱帶植被的人間天堂，還有精緻的農耕技術（稱為「奇南帕」的浮田）、廣闊的皇家狩獵園林，還有擁有奢華公園、花園和植物園的秩序井然、乾淨城市。入侵者系統性地毀滅了這一切，但各種糧食作物，如玉米、番茄、馬鈴薯，以及金盞花、西番蓮、虎豆、芬香的夜來香等觀賞性植物，幾乎隨即傳回歐洲。

到了1597年，英格蘭植物學家約翰·傑拉德據說就種有一株高達4公尺的向日葵，其原生於南美洲，但在阿茲特克統治的墨西哥相當常見。1627年，倫敦的藥劑師約翰·帕金森（John Parkinson）撰寫了關於美人蕉（*Canna indica*）、曼陀羅、仙人掌的文章；17世紀末時，夜來香也成了凡爾賽宮的路易十四最愛的植物。

大約在同一時期，約翰·帕金森的好友老約翰·崔斯坎德（John Tradescant the Elder），也從英國1607年在北美洲東岸建立的新殖民地維吉尼亞收到第一批種子。他的兒子不久後將會親自拜訪殖民地，父子兩人會一同引進許多歐洲最愛的庭園植物，不過

仍是要到18世紀初，北美洲的植物才開始對歐洲造成重大影響。因為時興的英式庭園風格，相當熱愛美洲的樹木和灌木，主要是來自美國東部泥沼的開花灌木，像是山茱萸、山月桂、楓香樹、木蘭花、第一批杜鵑等，而這些植物最初的傳播，如同大部分植物，都是透過朋友之間的人脈，特別是貴格會的信眾。

貴格會信徒的生活沒有音樂、戲劇、藝術以及小說和羅曼史等「有害」書籍，因此博物學和園藝，恰恰為這些渴望新知的靈魂，提供一個汲取美學和知識的適宜來源。貴格會殖民地費城的美國園藝家也和英格蘭的收藏家分享種子，例如彼得·柯林森（Peter Collinson）和約翰·福瑟吉爾（John Fothergill）等，在倫敦園藝家詹姆斯·李居中協調下，園藝產業及交流皆蓬勃發展。

新美國的擴張，促使1804年梅利威瑟·路易斯（Meriwether Lewis）和威廉·克拉克（William Clark）前往密西西比以西探險，使植物獵人的足跡拓展到太平洋西北地區。而正是來自這個地區的巨大針葉樹，再度改變了歐洲的地景，包括庭院及林業。

大理花
Dahlia

學名：*Dahlia*

植物獵人：法蘭西斯科‧赫南德茲

地點：墨西哥

時間：1577年

很難相信今日色彩繽紛、形狀各異，從最優美的雛菊到和花椰菜一樣大的精緻菊花狀大理花，都是源自3種墨西哥高地視為雜草的物種。大理花屬於菊科的一員，和波斯菊、金雞菊、鬼針草相近，共有35種，遍布中美洲各地。大部分大理花都是大小適中的多年生植物，生長在空地上，不過帝王大理花（*Dahlia imperialis*）可以長到高達6公尺，罕見的附生大理花（*Dahlia macdougalii*）則是生長在雨林中的附生植物，這不是寄生植物，它長在其他植物上只是為了支撐。

據說大理花中空的莖部可以用來儲水，美洲原住民還會將其充滿澱粉的球根當成食物，不過好奇的法蘭西斯科‧赫南德茲（Francisco Hernández）曾提到大理花聞起來很臭，吃起來也很苦，所以這應該只是發生在極端情況而已。

數百年以來，人們都認為赫南德茲是第一個發現大理花的人，他是西班牙國王腓力二世（Philip II）的御醫，在1570年前往美洲，成為第一個抵達美洲的博物學家。這確實是史上第一次有君王是出於純粹的科學目的，派人出國執行任務，赫南德茲此行的重點，是要蒐集對西班牙醫學有用的植物和當地知識。

他花了7年的時間探索墨西哥，蒐集並調查標本、在醫院工作、和當地的薩滿及醫者學習，有時甚至親身試驗他們的療法。赫南德茲還學會阿茲特克人的語言納瓦特語（Nahuatl），不過即便他採集的3,000株植物大部分都未經發現，他並沒有試圖以任何歐

巨大的帝王大理花，瑪蒂達‧史密斯繪，
取自《柯蒂斯植物學雜誌》，1899年。

3

圓葉大理花，席登漢・提斯特・艾德華茲繪，
取自《柯蒂斯植物學雜誌》，1804年。

洲系統分類，而是使用阿茲特克人的方式，簡單將其分為木本或非木本，並以納瓦特語命名。

赫南德茲描述了癒創樹、香樹脂、檫樹、曼陀羅、無刺仙人掌、菸草、可可等植物的療效，雖然持續時間不長，但這些植物後來都成了歐洲人眼中的靈藥。

此外，赫南德茲還將玉米、香草、番茄、辣椒引進歐洲飲食中，他雇用了3名當地藝術家和他一起旅行，負責記錄各式各樣的新植物和新動物，包括人類第一次發現犰狳。

赫南德茲一開始發現的「acocot-li」和「cocoxochitl」應該都是雙瓣大理花，但基本上無法完全確定，因為他帶回西班牙的16本詳細紀錄都只剩斷簡殘篇，腓力二世命人將巨量的手稿裝訂成6本大書後，赫南德茲的紀錄便從此消失在王家圖書館中，遲遲未經出版，並在1671年時慘遭祝融。幸運的是，手稿的某些部分經過抄寫流傳，得以在赫南德茲死後出版，不過要一直到1651年，比較完整的版本才在羅馬印行，蒐羅自歐洲及新西班牙各地的片羽，插圖也重新經過繪製和安排順序。無論如何，赫南德茲的手稿對後世的植物學家來說，都是墨西哥植物的權威指南。

然而，1929年時，另一件塵封已久、年代更早的紀錄重見天日，梵蒂岡圖書館發現了可追溯至1552年的阿茲特克藥草誌。作者為一名阿茲特克醫生馬汀・德・拉・克魯茲（Martin de la Cruz），書裡的插圖應該也是出自其手，而將手稿翻譯為拉丁文的則是胡安尼斯・巴迪亞努斯（Juannes Badianus）。這本藥草誌記載了各式各樣的阿茲特克傳統療法，從流鼻血到被雷劈等，其中記載的藥草便包括擁有紅色花朵的「Couanenepilli」，很可能就是圓葉大理花（*Dahlia coccinea*）。

我們並不清楚腓力二世為何選擇將赫南德茲的成果束之高閣，或許是由於這名植物學家的著作幾乎等同異端，因為只有全能的神才能為活物命名，也可能是因為國王有其他更重要的事要處理，像是密謀入侵英格蘭。後續的第二次遠征已是赫南德茲出航超過200年後，即1789年，大理花的球根才成功橫跨大西洋，從墨西哥城新設立的植物園，來到馬德里皇家植物園的安東尼奧・荷塞・卡瓦尼列（Antonio José Cavanilles）手中。1791年卡瓦尼列便成功讓雙瓣的紫色大理花（*Dahlia pinnata*）開花，5年後單瓣的玫瑰色大理花（*Dahlia rosea*）和單瓣的粉色圓葉大理花也成功開花。從這些大理花開始，在接下來200年

間，將會出現數千種不同的大理花。

卡瓦尼列以瑞典植物學家安德里亞・大理（Andreas Dahl）幫這個全新的屬命名，他1804年過世時，洪堡德和他的夥伴艾米・邦普蘭正在帶著大批種子從美洲返回歐洲（參見第258頁），並將這些種子傳播到歐洲各地，有些抵達英國皇家植物園，有些到德國及巴黎，有些則來到馬梅松（Malmaison）的約瑟芬皇后（Empress Josephine）手上。但是這些種子開花後，卻和卡瓦尼列記錄的完全不同；同一時間，德國柏林有一名植物學家將卡瓦尼列的屬重新命名為「*Georgina*」，因此北歐和東歐的某些地區目前仍是以此稱呼大理花。

大理花的多樣性及雜交潛力，讓園藝家趨之若鶩，植物學家則愁眉苦臉。分類學家想破頭要命名大理花的同時，待在巴黎附近馬梅松的約瑟芬皇后則是為這種無法掌控的新植物欣喜不已，還指派邦普蘭負責照顧大理花。故事是這樣的，據說大理花是約瑟芬皇后的快樂泉源，她相當引以為傲，無微不至呵護這些花朵，因此當她發現其中一名女伴偷走了一株球根時，不惜摧毀整個品種，以免不潔之手玷汙整座花園。

同一時期，大理花也傳遍全歐，於1804年登陸倫敦，來到和花一樣美的名流荷蘭夫人（Lady Holland）手上。豔麗的花朵隨即風行一時，首先迷倒的是園藝家和業餘愛花人，他們相當熱衷於培育和展示花朵，甚至到了建立嚴格分類的程度。1820年時，已經出現大約100種大理花品種，而到了1840年代，大理花的品種爆增到超過2,000種，歐洲和北美洲都陷入「大理花狂熱」之中。

1872年後大理花的培育更是蓬勃發展，當時一名荷蘭園藝家J・T・范登堡二世（J. T. van den Berg Jr）宣稱從一批在運送過程腐爛的墨西哥植物中救出一株球根，並將其命名為「*Dahlia juarezii*」。這種深紅色的大理花擁有「精緻捲曲的管狀花瓣」，是今日壯觀的仙人掌狀大理花的祖先。

在經過200年的演化和雜交後，大理花在顏色和形狀上的多樣性，都遠勝大部分植物。目前共有超過58,000種大理花，分為19類，像是「睡蓮狀」、「毛邊狀」、「衣領狀」等，每年都持續增加中。不過雖然祭出重賞，目前還是沒有人成功培育出藍色的大理花，但應該也是時間早晚的問題而已……

大理花，取自《花束圖鑑》（*The Illustrated Bouquet*），E・G・韓德森（E. G. Henderson）著，到了1850年代，菊花狀的大理花已相當普遍。

北美鵝掌楸
Tulip tree

學名：*Liriodendron tulipifera*

植物獵人：小約翰・崔斯坎德

地點：美國維吉尼亞州

時間：約1638年

　　追隨名人父親的腳步可能相當困難，至少小約翰・崔斯坎德（John Tradescant the Younger）是這麼覺得的，「他一點都不像他父親，也完全沒有半點他父親的種。」有人尖酸地評論道。

　　老約翰・崔斯坎德是個很難追隨的目標，他是皇家園藝家、園藝先驅、大收藏家，更開創了英國植物獵人的光榮傳統。老崔斯坎德早年的經歷不明，不過1610年時，他已成為羅

伯特・賽西爾（Robert Cecil）的園丁，賽西爾是英王詹姆士一世的內閣大臣暨全英格蘭最位高權重的人。老崔斯坎德的第一次植物採集任務規模不大，他有10英鎊的預算可以到歐洲為賽西爾在哈特菲爾德莊園（Hatfield House）的雄偉新花園購買果樹。他的第二趟旅程則來到低地國，包括萊頓新設立的植物園、到布魯塞爾尋找藤本植物與「花園王」法王亨利四世（Henri IV）的朝廷，他在此結識偉大的園藝家尚・羅本（Jean Robin），兩人成為朋友，在接下來20年間保持通信並且彼此交流植物，歐洲園藝先驅的社群也在這段期間逐漸壯大。

　　賽西爾死後，老崔斯坎德在1618年參與了一趟前往俄羅斯的外交任務，這是一個西歐直到60年前才逐漸開始暸解的國度。雖然這趟旅程的政治目的沒有成功，積極的園藝家卻帶回歐洲落葉松和散發芬香的「沙俄」玫瑰。兩年後老崔斯坎德以打倒巴巴里（Barbary）海盜的理由前往北非，但這趟遠征同樣遭逢失敗，不過卻給了他收穫滿滿的3個月，能夠在地中海

北美鵝掌楸，取自《美國藥草誌，又稱藥用植物學》
（*Vegetable Materia Medica of the United States: or, Medical Botany*），
W・P・C・巴頓（W. P. C. Barton）著，1817年~1818年。

Fig. 1.

Fig. 2.

Fig. 3.

T. 48

Arbor Tulipifera.
The Tulip Tree.

Icterus.
The Baltimore Bird.

Liriodendron tulipifera
Willd. sp pl. 2 p 1254
Ait. hort. Kew. ed. all. 3 p 329

沿岸採集，成果便包括一種特別芬芳的杏樹。

老崔斯坎德的下一個老闆，是英王惡名昭彰的寵臣白金漢公爵（Duke of Buckingham），他和公爵一同前往巴黎，沿途採集植物，還碰上可怕的拉羅謝爾（La Rochelle）圍城。公爵1628年遭到謀殺時，老崔斯坎德已經有錢到可以在倫敦泰晤士河畔的蘭貝斯（Lambeth）租下一幢附有幾畝地的房子，他在此建立了一座溫室，不只展示他在旅程中蒐羅的珍稀植物，也有大西洋彼岸的全新植物。

1617年，老崔斯坎德出資資助維吉尼亞公司（Virginia Company），這是一間野心勃勃的公司，試圖在北美洲建立新殖民地。由於他出錢讓24名殖民者前往殖民地，因此有權購買486公頃的土地，不過他放棄了這項權利，從來沒有踏上殖民地，而是安排從當地寄回種子和球莖。

踏上殖民地的則是他的兒子，學者對小約翰・崔斯坎德究竟前往維吉尼亞幾次的看法分歧，可能是一到三次不等，不過可以確定的是，到了1634年，父子倆在蘭貝斯的花園已經擁有770種不同的植物。小崔斯坎德確實有非常好的理由在1642年離開英國：1630年時，老崔斯坎德成為奧特蘭宮（Oatlands Palace）的「花園、藤蔓、蠶絲守護者」，這是英王查理一世（Charles I）的王后最愛的宮殿，在他死後，小崔斯坎德繼承了這個頭銜。可是隨著清教徒革命爆發，擔任皇室園丁突然變得不夠有保障；相較之下，大西洋彼岸的維吉尼亞可說充滿機會，而事實也證明如此，小崔斯坎德在此發現了大約200種新植物。

崔斯坎德父子從美國引進的許多植物，後來都成為歐洲庭園不可或缺的一部分，如福祿考、紫菀、現代羽扇豆的祖先、色彩鮮明的山羊七（Aquilegia canadensis，這是耬斗菜比較艷麗的版本）以及珍貴的維吉尼亞爬藤（Parthenocissus quinquefolia），這種植物在汙染嚴重的後工業化不列顛相當常見，因為「其比其他植物更能承受廢氣」。

此外，還有高大的落羽松（Taxodium distichum）、美國煙樹（Cotinus obovatus）和美國梧桐（Platanus occidentalis），其後來會和法國梧桐（Platanus orientalis）雜交，產生英國梧桐（Platanus x hispanica）。

不過崔斯坎德父子引進的植物中，最受歡迎的應屬北美鵝掌楸（Liriodendron tulipifera）。這種美麗的植物在家鄉是以林木的價值受到重視，北美原住民切羅基人（Cherokee）會用其製作獨木舟；來到不列顛，卻一

上面停了一隻巴爾的摩金鶯的北美鵝掌楸，
取自《卡羅萊納、佛羅里達、巴哈馬群島的博物誌》
（*The Natural History of Carolina, Florida and the Bahama Islands*），
馬克・蓋茲比（Mark Catesby）著，1754年。

度成為最受歡迎的觀賞性植物，擁有形狀獨特的葉片、迷人的掌狀花朵以及漂亮的秋天色澤，17世紀的歐洲已開始流行欣賞這種顏色。

北美鵝掌楸原生於北美洲東岸，分布範圍北起加拿大安大略省，南至墨西哥灣。不過化石證據顯示，在上一次冰河時期到來前，這種植物曾生長在歐洲，但其在美洲的棲地，可以長到歐洲的兩倍高，有時候甚至高達60公尺。北美鵝掌楸一開始來到歐洲時，有許多都是種在溫室中，因此限制了其生長，但到了18世紀初，在倫敦四處都相當常見。1688年，英格蘭第一棵北美鵝掌楸在富勒姆開花。

除了蒐集植物外，崔斯坎德父子也收集所有他們感興趣的珍稀事物，如貝殼、鳥蛋、一隻度度鳥標本、神秘的「變成石頭的東東」（化石），還有各種藝術品，像是盾牌、水晶球、因紐特人的雪鞋、英王亨利八世（Henry VIII）的馬蹬以及據說是屬於寶嘉康蒂父親的儀式用斗篷。

透過擔任海軍大臣的白金漢公爵，海軍將官都必需帶回「各種野獸、鳥類、活鳥」，但他們最奇怪的海上戰利品莫過於神秘的「美人魚之手」。這些奇珍異藏都會在蘭貝斯展示，向所有付得出6便士的人開放，稱為「崔斯坎德的方舟」（Tradescant's Ark），這是英國第一間公共博物館，同時也成為倫敦著名的觀光景點。

大眾對崔斯坎德父子的收藏實在非常有興趣，因此有人說服小崔斯坎德編纂館藏目錄，這是世界上第一本博物館目錄，在幾經延宕後終於在1656年出版。協助小崔斯坎德進行這項事業的，是律師伊萊亞斯・艾西莫林（Elias Ashmole），但他其實心懷不軌，不僅趁小崔斯坎德喝醉時用計騙走他的收藏，在他猝逝後還騷擾他的遺孀，最後她還被發現溺死在花園的池塘中。

艾西莫林後來將這些收藏捐給牛津大學，成了艾西莫林博物館（Ashmolean Museum）現今館藏的基礎，不過他的遺贈並沒有受到妥善照料。一開始的藝術品幾乎沒有幾樣留存下來，其中最重大的損失可能是韃靼植物羊的羊毛。

傳說中這是種同時屬於植物和動物的生物，羔羊會先在植物莖部上方長大，並依靠周遭的草料過活，附近的草料吃完後便會餓死，進而和植物融為一體。老崔斯坦德的好朋友，植物學家約翰・帕金森的書中，就曾描繪過這種生物，不過呢，這種超級怪異的植物從來沒有在地球上任何地方現身過……

美國梧桐和一隻腥紅唐納雀，馬克・蓋茲比繪。
他的《卡羅萊納、佛羅里達、巴哈馬群島的博物誌》一書，
是第一本有關北美洲植物的著作，出版後讓歐洲收藏家趨之若鶩，
無不想方設法獲得這些植物。

Platanus Occidentalis.
The Western Plane-tree.

Muscicapa Rubra.
The Summer Redbird.

Platanus occidentalis
Willd. sp. pl. 4 p 474
Ait. hort. Kew ed. alt. 5 p 305

洋玉蘭

Southern bay

學名：*Magnolia grandiflora*

植物獵人：約翰・巴特蘭

地點：美國卡羅萊納州

時間：1737年

1737年的8月，馬車都如潮水般駛出倫敦，載著滿心期待的各個英國園藝界賢達，前往郊區的帕森斯綠地（Parsons Green）一探究竟，因為第一海軍大臣查爾斯・威吉（Charles Wager）的花園中，有一棵來自北美的年輕常綠樹初次開花。

花開得非常燦爛，宛如巨大的白色蠟製酒杯，還散發檸檬和香草的芳香，熱情的植物收藏家彼得・柯林森描述其「和睡蓮很像，但是卻和帽子

的頂部一樣大」。雇不起馬車的畫家喬治・戴奧尼修斯・耶赫特（Georg Dionysius Ehret），則是天天從切爾西的家中走去繪製素描，看著花朵「從花苞到完全展開」，他這幅「完美的植物觀察」於1743年出版。

在一個只有4種原生常綠樹木，也就是冬青樹、黃楊樹、紫杉、歐洲赤松的國家，洋玉蘭（*Magnolia grandiflora*）帶來的影響非常巨大，特別是其不僅長得很快，還擁有明亮光滑的葉片。不過帕森斯綠地這棵洋玉蘭，其實並不是英格蘭第一棵開花的，這個殊榮應屬於約翰・柯利頓（John Colliton）爵士在南部海岸的艾克斯茅斯（Exmouth）種植的那棵，同樣也在1737年夏天開花。

有好幾年的時間，這棵洋玉蘭都為約翰爵士帶來方便的額外收入，因為洋玉蘭的需求非常大，所以他每次都會割開一段樹枝，接著輪流租給當地的園藝家，費用則是令人咋舌的半基尼。他們用壓條法繁殖新株，也就是覆滿土壤當成植物生長的支架，幼苗一株則可以賣到5基尼。即便這棵洋

洋玉蘭，喬治・戴奧尼修斯，耶赫特繪，取自《倫敦自然植物圖鑑》（*Plantae selectae Quarum Imagines ad Exemplaria Naturalia Londini*），C・J・特魯（C. J. Trew）著，1750年~1773年。

玉蘭經過這樣的摧殘，仍是相當雄偉壯觀，1794年遭到誤砍時，樹幹還粗達46公分。

不過由於這兩棵洋玉蘭皆來源成謎，所以洋玉蘭引進英國的時間通常是以1734年為準，那年倫敦的亞麻布商兼植物愛好者彼得·柯林森，從美國植物學家約翰·巴特蘭手中取得第一批洋玉蘭種子，但是不可能有樹3年之間就長好，所以或許這兩棵是來自法國也說不定。1711年時，一名法國商人便從路易斯安那引進了一棵洋玉蘭到南特（Nantes），因為覺得它可能撐不過南特的冬天，他還把樹種在溫室中，這棵洋玉蘭就在室內憋了20年，直到商人決定丟掉為止，但商人的老婆將其移至戶外一處有遮蔭的地點，這才開始蓬勃生長。

1740年代有更多洋玉蘭來到南特，由一位法屬路易斯安那的退休總督帶回，人為培育的「加利松尼耶」洋玉蘭（Magnolia grandiflora 'Galissonnière'）便是要紀念他，而木蘭屬的屬名「*Magnolia*」則是為了紀念法國植物學家皮耶·馬諾爾（Pierre Magnol），他發明了植物分類裡的「科」。

英國博物學家馬克·蓋茲比也是另一個可能的來源，他在1720年代初於南卡羅萊納州描繪了「牛灣」（Bull Bay）木蘭花，收錄在他的《卡羅萊納、佛羅里達、巴哈馬群島的博物誌》一書中。

柯林森自己的洋玉蘭終於在1760年開出「美麗的巨大白花」，總共花了20年。這一天意義重大，因為1730年代幾乎所有從種子或插枝長成的年輕洋玉蘭樹，都被1739年~1740年的嚴冬摧毀，當時泰晤士河結冰長達8週。所以即便如柯林森這般技術高超的園藝家，都必需在隔年春天重新來過，而洋玉蘭有好幾年的時間，也成為市場上價格最昂貴的樹種。

這對費城的植物收藏家約翰·巴特蘭來說是個好消息，就是他提供柯林森種子，兩人都屬於貴格會信徒，巴特蘭的祖先跟隨威廉·賓恩（William Penn）前往賓州的新殖民地追尋宗教自由。柯林森是個成功的商人，雖因宗教信仰無法擔任公職，也無法進入大學，但同儕皆視他為傑出的植物學家，他在佩克罕（Peckham）的花園充滿珍稀植物，在全歐享有盛名。巴特蘭雖是個沒受過什麼教育的農夫，曾抱怨過「拉丁文讓我頭痛」，對植物卻同樣充滿熱情，他的花園充滿各式探險帶回的成果，可說是美國第一座植物園。兩人一見如故，很快成為朋友，友誼延續超過30年，而這段期間也大大改變了歐洲庭園的面貌。

洋玉蘭，J · G · 普雷特繪（J. G. Pretre），
英國皇家植物園收藏，1825年。

MAGNOLIA grandi flora.   MAGNOLIER à grandes fleurs. pag.

P. J. Redouté pinx.   Renard Sculp

英國園藝家為蓋茲比描述的美洲植物瘋狂，但在1734年前，幾乎沒有管道可以取得。柯林森與巴特蘭於是達成協議，巴特蘭會定期從美國運送植物的球莖、根、種子，而柯林森則負責販售給其他植物愛好者，其中有許多人都迫不及待想讓美國植物進入新式的庭園中。他們的商品規格全都統一，每箱售價5基尼，含有105種植物的種子。這是史上第一次，英國人得以大量取得美國種子，並開始大批種植珍稀植物，其中便包括崔斯坎德父子的美國鵝掌楸（參見第216頁），而美麗的洋玉蘭也成為非常受歡迎的觀賞性植物。

雖然對18世紀的植物學家來說，洋玉蘭相當新鮮刺激，但這種植物其實非常古老，化石證據顯示木蘭是最初幾種被子植物之一，1億年前遍布歐洲、北美洲、亞洲，並由無翅甲蟲負責授粉。這種甲蟲在有翅昆蟲出現的數百萬年前便已存在，耐人尋味的還有，DNA鑑定顯示木蘭和毛茛的親緣相當接近。

洋玉蘭的分布範圍相當廣，北起北卡羅萊納州、南至佛羅里達州中部、西至德州東部，適應力非常強，喜愛居住在肥沃的沼澤和湖水邊緣，以及密西西比河下游的峭壁上。洋玉蘭如果長在樹林中，可以高達27公尺，不過在海邊的沙丘也可能和灌木一樣低矮，現在當然已遍及世界各地，從義大利的湖邊到中國廣州，羅伯·福鈞（參見第84頁）19世紀時便是在此看到洋玉蘭當成行道樹種植。

不過洋玉蘭無疑還是最容易讓人想起美國南方的大型公園，巨大的深色樹木在雄偉的大道兩側歡迎訪客，樹上還垂下苔蘚。美國白宮也有壯觀的洋玉蘭，由安德魯·傑克森（Andrew Jackson）總統種植，以紀念他的老婆，已經有數百年歷史，不過梅蘭妮亞·川普（Melania Trump）在2018年把這些樹都砍掉了。

洋玉蘭，取自《法國露天種植喬木與灌木研究》，H·L·杜哈梅著，1800年~1819年。

花旗松
Douglas fir

學名： *Pseudotsuga menziesii*

植物獵人： 大衛・道格拉斯

地點： 加拿大英屬哥倫比亞

時間： 1827年

有些人生來就很幸運，但蘇格蘭人大衛・道格拉斯並不屬於這類人，不過他還是被認為是史上最偉大的植物獵人。

大衛・道格拉斯的出生還算可以，1799年生於伯斯郡（Perthshire）的石匠家中，10歲時便擔任園丁的學徒，後來的雇主都對他相當滿意，讓他在20歲便得到格拉斯哥大學（Glasgow University）植物園的工作。他在此旁聽了後來的英國皇家植物園園長威廉・傑克森・胡克的植物學課程，兩人成為朋友，還一起到蘇格蘭高地採集植物，胡克是這樣評價他的：「道格拉斯矯健的身手、無懼的膽識、非凡的自制、充沛的熱忱，讓他具備成為一名優秀探險家的特質，只是需要機會證明。」胡克隨後將他推薦給倫敦園藝學會，1823年道格拉斯便啟航前往北美洲，他之後也還會再到北美洲探險兩次。

道格拉斯的第一趟旅程是前往北美東岸，獲得空前成功，在不到一年的時間內，他便採集了各式蘋果、梨子、李子的新變種，而且都沒有花費太多經費。隔年他來到太平洋西北地區，而他在此地的發現，將會為歐洲林業帶來巨大影響，並改變19世紀庭園的面貌。

當時歐洲人對太平洋西北地區幾乎一無所知，只有哈德遜灣公司（Hudson Bay Company）刻苦耐勞的獵人在此活動，道格拉斯便在他們的保護下進行探險。雖然1792年時，喬治・溫哥華（George Vancouver）率領的英國船隻曾探勘過這片區域

花旗松，取自《森林喬木與灌木研究》（*Traité des Arbres & Arbrisseaux Forestiers*），皮耶・穆易費（Pierre Mouillefert）著，1892年~1898年。

Faux-Tsuga de Douglas. Pseudotsuga Douglasii Carr.

花旗松，取自《不列顛之松》（*The Pinetum Britannicum*），
E・J・瑞凡斯考夫特（E. J. Ravenscroft）著，1863年~1884年。
道格拉斯優美的松樹在時髦的維多利亞式花園中頗受歡迎。

（參見第272頁），植物學家艾奇伯德‧門席斯（Archibald Menzies）也曾帶回許多乾燥標本並留下紀錄，其中包括現在稱為花旗松的植物，但卻沒有任何種子或活體植物回到歐洲。

1804年湯瑪斯‧傑佛遜總統派出探險隊試圖橫跨北美，成功完成這次傳奇任務的兩名探險隊長，梅利威瑟‧路易斯和威廉‧克拉克，也曾注意到這種巨大的樹木，像旗杆一樣挺拔，高達106公尺，他們還採集了奧勒岡葡萄（*Mahonia aquifolium*）的樹枝，道格拉斯稍後也會將其引進至歐洲。

道格拉斯歷經千辛萬苦，花了8.5個月才抵達哥倫比亞河口，其中最後6週花在找地方登陸上岸，他在日記中寫道：「美洲西北部的颶風，比合恩角著名的風暴還糟糕千萬倍。」但抵達後，道格拉斯卻發現哈德遜灣公司把總部往上游遷移了145公里，到溫哥華堡（Fort Vancouver）的新定居地，因此他又花了2天艱辛地划獨木舟溯河而上。這後來將成為例行公事，因為接下來的3年，道格拉斯會透過步行和獨木舟的方式，越過將近11,300公里，所以他總是輕裝上陣，並常常把獨木舟當成營地。

道格拉斯花了2年走遍原始林和荒蕪的高地，常常又冷又濕還餓了好幾天肚子，可能是獨木舟遭風暴摧毀、預定前往的補給站已經廢棄、被憤怒的原住民和灰熊襲擊，也可能就這樣困在荒野之中，沒有任何食物，只能靠樹根和樹皮果腹。道格拉斯的身體也常常很不舒服，他的膝蓋曾被生鏽的鐵釘刺傷，傷口一直為他帶來麻煩，但他用創意面對逆境。在經歷某次特別不幸、他還差點凍死的悲慘旅途後，他寫道：「我能順利回到哥倫比亞全是靠著我的斗篷和毯子，我把這兩樣東西當成船帆用。」

他的同伴大多是當地奇努克（Chinook）部落的原住民，他們會和他分享有關植物的知識，像是他第一次發現糖松的種子，就是因為嚮導將其放在菸草袋中當成零食。道格拉斯起初當然不太信任當地嚮導，因為剛開始的一趟旅程中，有個嚮導趁他爬樹時拿走他所有家當落跑，不過他後來仍是相當尊敬和他一起旅行的聰明獵人。對這些獵人來說，道格拉斯是所謂的「草人」（Olla Piska），也就是一個充滿好奇、很可能帶有惡意的物種，屬於火靈的後代，能夠喝下滾燙的液體（事實上道格拉斯只是喝下沸騰的健康飲料）、在戰火面前無所畏懼（道格拉斯承認他比較怕主人家的跳蚤，而不是戰爭），而且還能一槍打下在天上飛翔的老鷹。

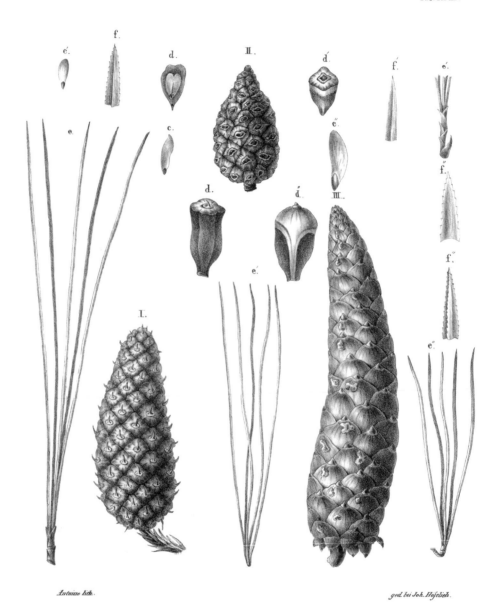

Tab. XVIII.

I. Pinus occidentalis.   II. Pinus leiophylla.   III. Pinus Monticola.

西部白松，取自《針葉樹》（Die Coniferen），
法蘭茲・安托萬（Franz Antoine）著，1840年~1841年。

1827年3月，道格拉斯在溫哥華堡度過第二個冬天後，加入了一群商人，展開公司前往哈德遜灣的年度「特快車」旅程。這是一趟耗時5個月的橫跨大陸旅程，主要是步行，有時候也會划獨木舟，以飛快的速度從加拿大的洛磯山脈前往哈德遜灣的約克堡，途經溫尼伯湖（Lake Winnipeg）和大急流城（Grand Rapids），道格拉斯預計在約克堡搭船返回英國。

不過就像在嫌這趟旅程還不夠艱辛一樣，道格拉斯甚至在短短5小時內，登頂洛磯山脈其中一座2,790公尺高的山峰，並以著名植物學家羅伯特・布朗將其命名為「布朗峰」（Mount Brown），布朗曾是喬瑟夫・班克斯爵士圖書館的管理人。他隨後登上的第二座山峰，則取名為「胡克峰」（Mount Hooker）。

這趟長達3,210公里的旅程，道格拉斯都和他的獵犬比利一起度過，他還帶著另一隻珍愛的寵物——象徵和平的幼鷹。道格拉斯後來遇上知名的極地探險家約翰・富蘭克林（John Franklin），富蘭克林邀他一起划獨木舟穿越溫尼伯湖，道格拉斯因此將老鷹託付給其他人，但他抵達約克堡後卻發現老鷹已經死亡，還是被自己的綁帶勒死。

就這麼一次，道格拉斯往常的堅毅消失無蹤，他在日記中哀嘆：「還有什麼事能讓人更痛苦呢？」他很快就得到答案，某次外出後，準備划獨木舟返回要載他回英國的船隻時，道格拉斯的小船陷入風暴之中，被捲到離岸112公里處。他們一行人雖然僥倖存活，但他在整趟回國途中都虛弱無比。

1827年10月，道格拉斯終於回到英國，受到英雄式的歡迎，但他卻無法在家鄉安定下來。2年後便再次啟航前往溫哥華堡，抵達後卻發現當地旱災肆虐，「曾經擁有一到兩百名勇猛戰士的村莊消失殆盡，沒有半個活人、房屋空蕩蕩的，只剩飢餓的狗群不斷嚎叫，死屍遍布乾燥河床的每個角落」。

道格拉斯於是往南航行前往加州，雖然視力每況愈下，仍是於1830年~1832年間在沿海地區見識到高聳的紅杉，並發現3種新的松樹——灰松（Pinus sabiniana）、大毬果松（Pinus coulteri）、放射松（Pinus radiata）。他還在加州北部森林採集了大量令人驚艷的針葉樹，除了花旗松外，還有北美雲杉（Picea sitchensis）、巨冷杉（Abies grandis）、紅冷杉（Abies procera）、糖松（Pinus lambertiana）、西部白松（Pinus monticola）、西部黃松（Pinus ponderosa）。道格拉斯在寫

給胡克的信中提到:「你很快就會以為我在隨心所欲地製造松樹。」

道格拉斯的這些發現相當及時,因為當時歐洲庭園已開始改變,從原本崇尚自然景觀的公園,轉變成一種新的風格,不再遮掩人為的干預。這個概念稱為「園林藝術」(Gardenesque),由19世紀的英國園藝專家約翰·勞頓(John Loudon)提出,意思就是花園應該是一件藝術品,植物應該以最適合的方式在其中展示,就像畫廊裡的畫作一樣。還有什麼植物,比道格拉斯新發現的針葉樹更適合展示呢?只要種在平坦的草地上,就能從所有角度欣賞其新奇的形狀、尺寸、顏色。針葉樹就這麼宰制了19世紀的庭園,貴族的地產也成為專屬常綠植物的植物園,像是在查茲渥斯莊園中,最流行的植物便是松樹。

前往夏威夷探勘火山後,道格拉斯回到溫哥華堡,希望取道新喀里多尼亞(New Caledonia)、阿拉斯加、西伯利亞等地返回英國,不過因為無法抵達他想乘船前往阿拉斯加的海岸,他只好回頭。沿著菲沙河(Fraser River)而下時,他的獨木舟被捲入漩渦之中「碎成片片」,他所有的補給、日記、植物筆記、標本也全都沉入水中,「這批標本大概包含400種物種……其中有些是新發現的,這個災難性的事件摧毀了我的力量和精神。」對道格拉斯頑強的靈魂來說,這宛如壓死駱駝的最後一根稻草。

1833年的聖誕節,他再度回到夏威夷,而這將是他人生最後一趟冒險。1834年7月12日,有人發現道格拉斯忠心的獵犬比利坐在他的大衣上,道格拉斯本人殘破的身軀則是掉在捕獸坑中,被野牛踐踏及刺穿。最後一個看到他活著的人是個可疑的前罪犯,事發後也不見人影,眾人因此推測道格拉斯應是遭到謀殺。

大衛·道格拉斯享年僅34歲,在短短10年間,他就將254種植物帶回英國,許多迄今都還是英式庭園相當喜愛的植物,包括紅醋栗(*Ribes sanguineum*)、美麗的海岸絲纓花(*Garrya elliptica*)、紙一般的加州罌粟、擁有寶石色澤的鐘鈴花,以及大部分現代羽扇豆的祖先。而原先只是種來觀賞的花旗松和北美雲杉,也成為英美兩地最常見的林木,據說花旗松是世界上最常用來製作木製品的樹木,沒有其他樹可以與之匹敵。

糖松,取自《不列顛之松》,
E·J·瑞凡斯考夫特著,1863年~1884年。

234

巨杉
Giant redwood

學名：*Sequoiadendron giganteum*

植物獵人：威廉・洛布

地點：美國加州

時間：1852年

1852年，成功帶回智利南洋杉種子，使其成為維多利亞式庭園最炙手可熱植物的10年後（參見第272頁），植物獵人威廉・洛布帶著更為珍貴的植物，從他的下一趟探險中回歸。洛布的老闆暨著名溫室主人詹姆斯・維奇看到他回來相當驚訝，因為他原定前往北美洲尋找針葉樹，應該要隔年才會回來，但是洛布在舊金山時，發現了一種生長在加州內華達山脈山坡上的非凡樹木，因此提前回歸。

一名叫作奧古斯塔斯・T・陶德（Augustus T. Dowd）的獵人，為了追捕一頭灰熊，竟意外遇上世界上最巨大的樹木群，也就是現在位於卡拉維拉斯國家公園（Calaveras National Park）的北樹群（North Grove），這些高聳樹木的樹枝也被運到市區，供美國植物學家艾伯特・凱洛格（Albert Kellogg）鑑定。洛布於是拋下手邊所有事務啟程尋找這些巨大的樹木，沒多久就發現大約90種名副其實的「植物巨獸」，高度達76公尺~97公尺，樹幹直徑寬達6公尺。

他盡可能蒐集了各種毬果、幼苗、樹枝，急匆匆趕回英國這個早已深陷針葉樹狂熱的國家。他很確定這些壯觀的樹木在家鄉絕對會造成轟動，不到一年，維奇就開始以每株三便士、兩便士或一基尼兩打不等的價格，販售「加州樹林之王」的幼苗。「巨杉大道」很快成為維多利亞時代英國最新潮的階級象徵，不只超級有錢人為之風靡，像是比朵夫莊園（Biddulph Grange）的詹姆斯・貝特曼（James Bateman，參見第292頁），

巨杉，取自《不列顛之松》，
E・J・瑞凡斯考夫特著，1863年~1884年，
圖中顯示了這些巨樹前所未見的高度。

WELLINGTONIA GIGANTEA Lindl.

Off. Lith. & pict. in Horto Van Houtteano.

也襲捲中小型的別墅。

美國人簡直氣瘋了，當然也包括運氣超背的凱洛格，他本來計畫以「*Washingtonia gigantea*」之名發表這種樹，來紀念美國第一任總統，但倫敦園藝學會的約翰‧林德利捷足先登，將其命名為「*Wellingtonia gigantea*」，以紀念剛過世的威靈頓公爵（Duke of Wellington）。不過兩個學名都沒有受到採納，又稱「世界爺」的巨杉最終正式學名為「*Sequoiadendron giganteum*」。

或許這個學名也不太理想，因為其近親加州紅杉（*Sequoia sempervirens*）一般更高聳，不過巨杉體積比較大就是了。這也並不是說巨杉不夠雄偉，現今最高的巨杉生長在加州的國王峽谷國家公園（Kings Canyon National Park）中，超過20層樓高，高度是令人敬畏的94.9公尺。

巨杉對當地原住民來說當然早就不陌生，而且至少也有2個歐洲人曾經記錄過，但陶德的「發現」最後卻引發一場災難。幾個月內最大的巨杉就遭到砍伐，觀光客蜂擁而至爭睹它的樹椿和原木，木材則拿去蓋舞廳、保齡球館、酒館，其中被挖空的樹幹也

成為觀光景點，可以容納多達40人，還有人在裡面舉辦鋼琴演奏會。1854年，第二棵稱為「森林之母」的巨杉也被砍去了35公尺，先被送往紐約，後來再運往英國錫登漢（Sydenham）的水晶宮（Crystal Palace），一直待到水晶宮付之一炬為止。原地剩下的樹木也遭逢類似的命運，1861年起就已逐漸衰老凋謝，並在1908年焚毀。

上述的悲劇以及後續的破壞，促使美國國家公園之父約翰‧繆爾（John Muir）推動設立國家公園系統，不過還是要一直到1930年代，巨杉才開始受到積極保育，今日也仍屬於瀕危物種。

在沒有人為干擾的情況下，巨杉的壽命可以長達3,000年，有部分原因是其演化出極佳的防火機制；野火對植物繁殖相當重要，不僅可以清除林地上其他競爭的植物，植物的灰燼也能提供新發的幼苗肥沃的生長環境。由於成熟的巨杉樹枝離地面非常遠，樹幹則由厚重多孔、擁有濃厚樹液的樹皮保護，在基部可以厚達1.2公尺，因此不怕野火侵襲，突來的熱氣還能讓毬果迸發，並使種子落地生根。

巨杉，取自《歐洲溫室及花園植物》，路易‧范‧霍特著，1845年~1880年。

南美洲

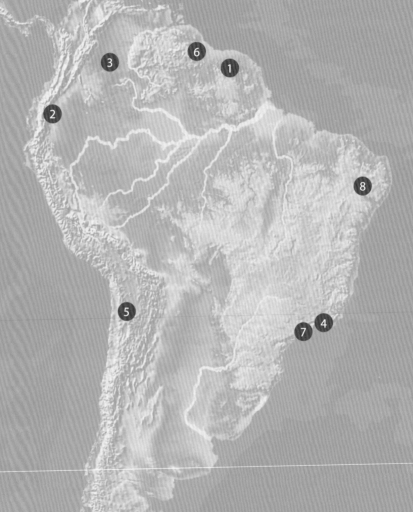

南美洲的亞馬遜雨林以世界最大、生物多樣性最豐富的熱帶雨林著稱，擁有超過40,000種植物。然而，亞馬遜盆地只是南美這個植物聚寶盆的起點，南美還有各式植物棲地，從無邊無際的濕地和豐富的紅樹林，到多鹽的沙漠、熱帶叢林、大風獵獵的巴塔哥尼亞高原、高海拔的安地斯山脈等。

南美低地的森林是地球上生物多樣性最豐富的地區之一，安地斯山脈的樹林和沼地則是擁有各種特有種和特化的生物，包括可以追溯到3億年前恐龍時代的森林遺緒，當時南美還是南方超大陸「岡瓦納大陸」的一部分。南美洲是地球上最豐饒的大陸，擁有世界上60%左右的陸生生物，除了亞馬遜雨林之外，還有超過5個生物多樣性熱點，特有種的比例非常高，但同時也面臨立即的絕種風險。

許多植物獵人來到南美洲都抱有特定目的，像是採集價值相當於等重黃金的異國蘭花或藥用植物等。偉大的探險家洪堡德來此是為了尋找知識和冒險，而這片廣袤大陸令人驚艷的豐饒，包括在地理、地質、氣候上，都讓他能夠提出物種分布和地球上所有生物關聯性的新理論。對17世紀無懼的德國畫家瑪麗亞・西碧拉・梅里安、維多利亞時代環遊世界的瑪麗安娜・諾斯、20世紀的環保人士馬格麗特・蜜（Margaret Mee）等人來說，吸引她們的則是雨林中奇異又繽紛的植物，而鮮豔的顏色也是矮牽牛和馬鞭草的魅力所在，這類花朵亦成為歐洲夏日花園的標準配備。2000年時，植物獵人湯姆・哈特・戴克（Tom Hart Dyke）和保羅・溫德（Paul Winder）衝動出發探險，前往哥倫比亞採集蘭花，卻不幸遭游擊隊俘虜當成人質，在叢林度過了可怕的9個月，蘭花採集至今也一直都是個充滿爭議的議題。

不過，今日在南美洲活動的植物獵人，大多是投身生態保育計畫，試圖保育智利南洋杉等珍稀植物，努力使其免受農地擴張、造路、採礦、興建基礎設施以及相關汙染的威脅。但世界上植物最豐富的巴西，被當地藝術家、景觀設計師暨植物獵人羅伯托・布勒・馬克斯（Roberto Burle Marx）譽為「植物學家天堂」的國家，前景卻是一片黯淡。

紅蝴蝶

Peacock flower

學名：*Caesalpinia pulcherrima*

植物獵人：瑪麗亞・西碧拉・梅里安

地點：蘇利南

時間：1700年

1699年8月，瑪麗亞・西碧拉・梅里安抵達荷蘭殖民地蘇利南的首都——潮濕、悶熱、暴力橫行的巴拉馬利波（Paramaribo），目的是要記錄當地豐富的昆蟲以及育養這些昆蟲的未知植物。

梅里安是一名女中豪傑，在那個大多數人都不會離家太遠的時代，她成功度過了將近8,000公里的凶險海上旅程，而且她已52歲，以當時的角度來看，算是相當老邁（她在啟航前也先立下遺囑）。此外，她還有許多受人非議之處，她單身、曾離過婚，甚至在沒有任何男人陪同的狀況下旅行，身邊只有她的21歲女兒為伴。為了籌措這趟旅程的資金，即使有阿姆斯特丹市政府提供的一小筆補助，她仍然變賣了大部分財產，而這場旅途造就一本以熱帶叢林野生動植物的生動插圖和第一手記述——震撼全歐的著作《蘇利南昆蟲之變態》（*Metamorphosis Insectorum Surinamensium*）。

據說1650年，法蘭克福的印刷師馬提歐斯・梅里安（Matthäus Merian）臨終前，曾預言3歲的女兒瑪麗亞・西碧拉將會擁有璀璨的未來，但這個未來有多璀璨，他當時可能無法想像。因為即便遭受性別帶來的限制、缺少資金和正式教育、獨立的思想還不受男性歡迎，梅里安仍是排除萬難成為博物學家的先驅，在新開創的領域「昆蟲學」中發光發熱。在這個科學仍屬於上流紳士興趣的年代，她同時也成為史上第一個可以靠科學維生的女性。

她還是世界上第一個生態學家和

菸草天蛾從紅蝴蝶上吸取花蜜，
取自《蘇利南的昆蟲》，
瑪麗亞・西碧拉・梅里安著，1726年。

「史上最偉大的植物和昆蟲畫家」，畫作不僅美麗，也相當準確，從大英博物館的創建者漢斯・史隆，到俄羅斯的彼得大帝等同時代的人物，都曾收藏她的畫作，連備受尊崇的植物畫家馬克・蓋茲比（參見第224頁）也曾師法她的繪畫技巧。

1758年，生物命名學之父林奈在他的《自然系統》（*Systema Naturae*）一書中，記錄並命名當時已知的4,400種動物，其中至少有130種是依靠梅里安的繪畫和紀錄。梅里安影響了達爾文的昆蟲研究，洪堡德（參見第258頁）也以梅里安命名了一種植物，到雨林探險過多次的探險家瑞蒙・歐漢倫（Redmond O'Hanlon）亦曾表示相當敬佩梅里安的勇氣。梅里安隻手創造了描述自然的全新方式，我們現在都還在使用，但她死時卻窮困潦倒，今日也沒什麼人記得她的貢獻。

教梅里安繪畫的是她的繼父，畫的不是當時遭畫家工會禁止的油畫，而是比較適合女性的水彩，18歲時梅里安便嫁給繼父的其中一名學徒約翰・安德里亞・葛拉夫（Johann Andreas Graff），他的專長是教堂內部的裝飾。兩人婚後搬到紐倫堡，梅里安教導有錢的年輕小姐描繪花卉，並在1675年出版她的第一本著作，供刺繡和裝飾參考的花卉畫冊。書中的繪畫遵照當時的傳統，將花朵視為珍貴的物品，間或點綴昆蟲替畫面增添生氣，但在梅里安私人的筆記中，她卻是用截然不同的方式作畫。

法蘭克福當時是紡織業重鎮，梅里安從13歲開始就對蠶相當著迷，會在筆記和素描中記錄蠶的生命歷程，不久後便開始蒐集所有她能找到的毛毛蟲，以觀察牠們如何改變。當時仍然普遍認為昆蟲是從糞便或腐敗的物質中誕生，而蝴蝶由毛毛蟲死去的軀殼孕育，因此是一種全然不同的存在，象徵了上帝賜予的重生；到了1660年代末期，便有科學家開始挑戰這種假設。

但梅里安這個小小博物學家卻對他們的著作一無所知，因為她比這些科學家還早了整整10年，就觀察到昆蟲產卵以及蛾和蝴蝶的變態，同時也在過程中發現昆蟲在生命歷程不同階段——從產卵、幼蟲、蛹期到成蟲——所需的特定成長條件，並詳細記錄提供昆蟲所需「特殊養分」的植物。梅里安結婚生子後仍持續這些研究，並在1677年出版了她兩本「毛毛蟲書」的第一本《毛毛蟲，其令人讚嘆的轉變及花朵提供的特殊滋養》（*Caterpillars, Their Wondrous Transformation and Peculiar Nourishment from Flowers*）。

她在書中按照正確的宿主植物，描述了昆蟲不同階段的生命歷程，觀察相當精確，甚至到了有些吹毛求疵的地步，相關的文字則描述了昆蟲的顏色、型態、轉變的時機等。書中的每幅靜物畫，都鮮明闡述了食物鏈的運作，這是人類史上第一次，有人試圖描繪我們現在稱為「生態系統互動」的情形。

1686年，梅里安拋下了她的丈夫，和兩名女兒及老母前往同父異母兄長在荷蘭的簡樸宗教社區。她在此獲准繼續研究，和貴格會的約翰・巴特蘭（參見第222頁）一樣，梅里安也對自然有深深的崇敬，研究自然的美好，為的便是清楚看見上帝的良善。然而1691年，梅里安的兄長和母親皆不幸過世，社區遭傳染病侵襲，而她的丈夫也正在跟她談離婚。梅里安只能從繪畫尋求慰藉，於是搬回阿姆斯特丹，並和兩名同樣天賦異稟的女兒一同開設了畫室。

阿姆斯特丹是一座兼容並蓄的大都市，藝術和科學社群都相當活躍，梅里安在此也結交到願意和她分享收藏的朋友。當時許多有錢人都擁有「奇觀櫃」，裡面裝著異國昆蟲和植物的標本，都是從無遠弗屆的荷蘭商業帝國各處蒐集而來，但讓梅里安失望的是，這些收藏幾乎都沒有附上任何相關資訊，她渴望更多知識。

恰好她參加的拉巴底斯派（Labadist）便是以瓦沙城堡（Castle of Waltha）為中心，這是康尼紐斯・范・亞森・范・索摩斯戴克（Cornelis van Aerssen van Sommelsdijk）家族的城堡，他是前蘇利南總督，也從旅程中帶回各式昆蟲標本。梅里安把握機會研究這些標本，深受色澤如寶石般的巨大蝴蝶吸引，這和她在歐洲看過的所有東西都不一樣，她後來寫道：「這些經驗都讓我想展開一場夢寐以求的蘇利南之旅。」

蘇利南是一場大豐收，梅里安在此發現了翼展達31公分的蛾、大到可以吞下鳥的蜘蛛、能夠在一夜之間把樹吃得和掃把柄一樣光禿禿的螞蟻、河中充滿目光銳利的鱷魚、亮藍色的蜥蜴在她的房子角落生下彩色的蛋；梅里安也嘗到了好吃的水果，像是鳳梨和芭樂，她還注意到葡萄在熱帶氣候的生長非常快速，6個月就能採收，但都沒人想要去種植。殖民者對周遭奇蹟的渾然不覺讓她相當訝異，梅里安抱怨他們只在乎種糖以及嘲笑她的研究。

她也對殖民者對待奴隸的方式感到害怕，但同時她仍必需依靠奴隸的協助，包括非洲黑人和當地的原住民，才能抵達植物的棲地，並進入雨

林探險；奴隸幫她在叢林中開闢出一條路，並和她分享植物的知識，她的嚮導對植物擁有的廣泛知識及深深尊重，和殖民者有天壤之別。

梅里安熱切地記錄這些植物的用途，如蓖麻可以拿來點油燈和舒緩傷口、棕櫚的樹液可以防蟲、麻瘋樹根可以治療蛇咬；她也記錄了處理木薯所需的細心步驟，先把根磨碎把毒液擠出，風乾後再烤成「麵包」。但紅蝴蝶（*Caesalpinia pulcherrima*）的功用卻讓她心神不寧，這種植物屬於豆科的一員，在熱帶和亞熱帶美洲相當普遍，今日以其美麗的羊齒狀葉片和艷麗的花朵，成為一種溫室常見的異國植物，在當時卻是由孕婦拿來引產，困擾的梅里安寫道：

「白人奴隸主對當地的印第安女奴非常惡劣，因此她們不想生下也會遭遇同樣悲慘命運的小孩；主要從幾內亞和安哥拉進口的黑人女奴，也不想懷上白人奴隸主的孩子，事實上也很少生下小孩。她們常常使用這種植物的根自殺，希望透過輪迴回到家鄉的土地，這樣雖然她們的身軀在此死於奴役，靈魂卻能和非洲的家人及愛人自由自在的生活，她們是這樣告訴我的。」

對蘇利南的奴隸來說，擁有植物知識至少能夠提供不那麼痛苦的解脫。苦木（*Quassia amara*）是一種強烈的催吐劑，傳統上用於治療發燒、嘔吐及驅趕寄生蟲，林奈將其以「最初發現者」瓜門‧夸西（Graman Kwasi）命名。夸西在蘇利南擔任醫生長達60年，醫術高超，而且對非洲人、歐洲人、原住民皆一視同仁。但他也是個充滿爭議的人物，一開始是個來自迦納的奴隸，後來重獲自由，甚至受奧蘭治親王（Prince of Orange）冊封，自己也成為奴隸主，從奴隸身上榨取大量利益。

夸西保有苦木的祕密長達30年，並憑藉其醫術過著舒適的生活，直到後來將這個祕密賣給一名瑞典植物學家，植物學家則在1756年將苦木帶回歐洲。非洲奴隸將夸西視為占卜師和巫師，能夠用帶有魔法的護身符保護他們；但對荷蘭人來說，他是個「忠實」的朋友，在對抗逃跑的黑奴時相當可靠，這些黑奴的後代迄今仍將夸西視為叛徒。

夸西很可能是1701年後才來到蘇利南，當時梅里安已因瘧疾爆發提早回到阿姆斯特丹，她和女兒接下來4年都在準備出版《蘇利南的昆蟲》（*Insects of Suriname*）。由於這些植物對她來說都是全新的，而且許多在科學上也尚未正式發表，她因此請阿姆斯特丹植物園的管理人凱斯博‧柯馬林

蓖麻，取自《蘇利南的昆蟲》，
瑪麗亞‧西碧拉‧梅里安著，1726年。

一同協助。1705年以前，幾乎沒有任何有關新世界的著作和插圖，而梅里安的著作擁有各種令人目眩神迷的蝴蝶、蜥蜴、蛇、可怕的蜘蛛，還有從蒼翠欲滴的熱帶樹葉垂下的巨大毛毛蟲，因此出版後馬上引發轟動。這本書不僅讓世人見識到熱帶雨林豐富的生態，也比達爾文早了150年呈現出「弱肉強食」的自然世界，各種生物極盡所能在殘酷的生存大戰中存活。

不過，這本書並沒有讓梅里安致富，她仍然需依著販賣來自蘇利南的標本維生，雖然她很想繼續出版主題為爬蟲類的第二集，但成本實在太過高昂。

梅里安於1717年過世，遺體埋在公墓之中，雖然她深受18世紀的博物學家尊崇，在下個世紀卻跌落神壇。因為梅里安著作的盜版書四處流竄，加上她對殘酷自然非常不淑女的描述，特別是描繪一隻骯髒的狼蛛從蜂鳥身上吸血的繪畫，都讓大眾覺得噁心、認為這悖離事實。但近年的研究恢復了梅里安的聲譽，包括她精確的描述，以及早在洪堡德100年前就提出了一種看待植物的激進新觀點，也就是將植物視為支持複雜生態系統的重要物種。

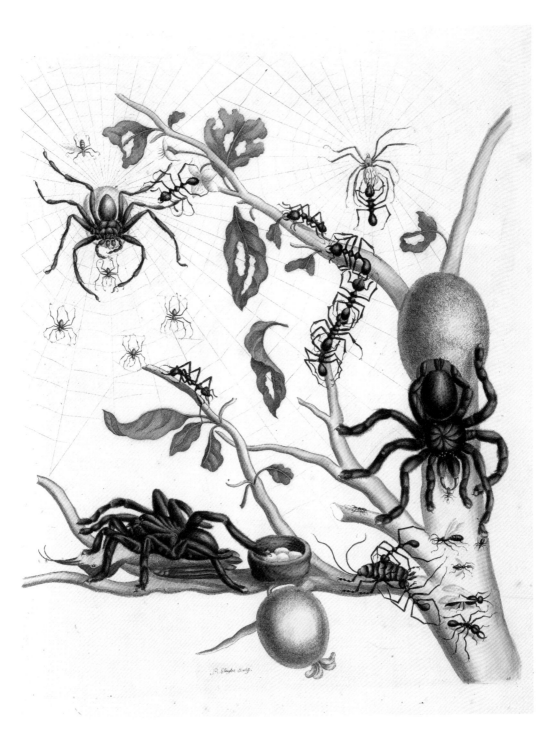

梅里安描繪芭樂樹生態系統的繪畫，
圖中有隻狼蛛正在蜂鳥身上吸血，讓當時的歐洲男性為之驚駭。

金雞納

Fever tree

學名：*Cinchona*

植物獵人：理查·史普魯斯

地點：厄瓜多

時間：1860年

金雞納樹之名來自秘魯總督美麗的西班牙夫人金瓊（Condesa de Chinchón），據說1638年，總督夫人因瘧疾即將病死，卻奇蹟般由當地奇楚瓦人（Quechua）的民俗療法治癒，該療法便是將金雞納樹皮加入糖水之中。1640年代回到西班牙後，夫人也將金雞納樹皮引進祖國，用於治療發燒。不過諷刺的是，在西班牙征服者來到安地斯山脈之前，當地其實沒有瘧疾，這種傳染病直到19世紀

末期仍在歐洲和亞洲流行，而且到了1940年代，義大利作家卡洛·列維（Carlo Levi）都還曾提及義大利南部的貧窮城鎮瘧疾肆虐。

令人遺憾的是，上述這則傳聞其實經過美化，伯爵夫人事實上死於秘魯，而早在1633年，秘魯首都利馬的西班牙傳教士就已發現金雞納樹皮的療效。巴托羅梅·塔富（Bartolomé Tafur）神父1645年帶了一些樹皮回到瘧疾肆虐的羅馬後，「耶穌會樹皮」的名稱便不脛而走。

不過並非所有人都認同金雞納樹皮的療效，奧立佛·克倫威爾（Oliver Cromwell）就覺得這是一種邪惡的天主教毒藥，他寧願死於瘧疾也不願服下金雞納樹皮。但英王查理二世（Charles II）就成功因藥師勞勃·塔伯（Robert Talbor）以金雞納調製的配方痊癒，甚至推薦給表弟路易十四，這種療法迅速爆紅，或許一部分原因是可以摻入大量鴉片。

當時認為瘧疾是因「沼氣」（miasmas）引起，也就是空氣中的有毒氣體，瘧疾（malaria）這個字，便是

金雞納樹，取自《圖解帕封的新奎寧研究》（*Illustrations of the Nueva Quinologia of Pavon*），J·E·霍華德（J. E. Howard）著，1862年。

W.H.Fitch,del.

J.N.Fitch,lith.et.imp.

CINCHONA OFFICINALIS,

金雞納樹皮含有奎寧，
奎寧的名稱則來自當地對金雞納的稱呼「quina-quina」，
取自《圖解帕封的新奎寧研究》，J・E・霍華德著，1862年。

來自義大利文的壞空氣；直到1890年代，人類才發現瘧疾和蚊子的關聯。

金雞納樹皮中的成分是在1820年被辨認出來，這是一種生物鹼，發現它的法國化學家將其稱為「奎寧」，目前仍然不瞭解奎寧治療瘧疾的詳細機制，但基本上就是以毒攻毒——讓瘧疾寄生蟲毒死自己。只要能將奎寧萃取出來，並準確調配劑量，那麼不但可以治療瘧疾，還能同時擁有預防效果。

目前金雞納屬共有25種品種（最新的一種是2013年在玻利維亞發現的「*Cinchona anderssonii*」），通常生長在安地斯山脈東側潮濕的山區樹林，從哥倫比亞一直延伸到智利；其葉片光滑翠綠，散發芳香的花朵開得較為零落，通常是粉紅色，高度幾乎不會超過12公尺，種間和種內的奎寧含量歧異則非常大。隨著歐洲帝國主義國家的統治逐漸深入熱帶，奎寧的需求也與日俱增，但由於南美洲政治局勢動盪，也沒有永續的種植方法，使得金雞納的價格居高不下，供應也相當不穩定。因此，確保金雞納的供應，特別是富含奎寧的樹種，便成了殖民帝國的當務之急。

1745年法國派人前往祕魯探險，試圖帶回活體植物，但在一場風暴中不幸落水；喬瑟夫・班克斯等英國植物學家也一直嘗試在印度種植金雞納，因為印度在世紀之交每年仍有上百萬人死於瘧疾。而哥倫比亞、厄瓜多、秘魯、玻利維亞都深知壟斷金雞納的重要性，因此禁止出口金雞納樹及種子。1851年，一名荷蘭植物學家想辦法走私500棵金雞納出境，但最後只有75棵成功抵達荷屬東印度群島。

1858年，從英屬東印度公司手中接管英屬印度的印度事務部，終於聽見了植物學家的訴求，並派遣一名年輕職員克萊門茲・R・馬克漢（Clements R. Markham）負責採集金雞納，因為他會講西班牙文，而且曾經到過祕魯。由於缺乏植物知識，有人建議馬克漢臨行前先去找皇家植物園的威廉・胡克諮詢，胡克建議他雇用理查・史普魯斯（Richard Spruce），一名貧困但經驗豐富的植物學家，即便健康狀況一直非常差且沒什麼錢，仍想方設法從1849年起就固定從南美洲寄回植物標本。

史普魯斯是名厲害的植物獵人，在皇家植物園備受尊敬，因為他的筆記詳細又準確，在旅行途中也會研究植物的用途，而且已經呼籲採集金雞納好幾年了。他研究了安地斯和亞馬遜地區使用的各種植物，從纖維、染劑、樹脂、木材，到瓜拿納（guarana）的提神作用等。史普魯斯也是第

一個記錄亞馬遜死藤水的人，還提供了和橡膠樹有關的精確資訊，這種植物很快會跟隨金雞納的腳步，前進英國的各個殖民地。

馬克漢於1860年抵達秘魯，在被當地政府發現、必需撤離之前，成功採集了450棵金雞納，這批植物後來送往印度南部的尼爾吉里丘陵（Nilgiri Hills），卻不幸全部死光。同時史普魯斯則是耐心地橫越安地斯山脈，朝厄瓜多的欽博拉索山（Chimborazo）前進，他正是在這座雄偉火山下方的森林中，發現了最珍貴的「紅樹皮」金雞納。

這是一趟充滿凶險的旅程，主要是因為必需划獨木舟穿越急流、漩渦、瀑布，還要翻過高山，並越過充滿毒蛇和毛毛蟲的茂密森林。此外，還有各種障礙在阻擋史普魯斯，如暴雨和暴漲的河水，加上革命戰事（他的其中一支採集隊伍甚至還遭當地的民兵徵召）以及不合理的嚴寒天氣，導致種子無法順利成熟。史普魯斯最後和當地一名地主達成協議，只要付400美金，就能帶走樹皮以外所有他想要的種子和植物，他還在日記中抱怨道：「我開始擔心我們無法取得成熟的種子。某天早晨，我到樹林間巡視時，發現其中兩棵樹的花朵全被採光，很明顯是出自某個處心積慮想

賣給我種子的人之手，這讓人非常生氣，因為這些種子根本還沒成熟。」

史普魯斯於是提出為剩下的樹付保護費，這招果然奏效了：「我不覺得在這之後有人會再去亂搞過剩下的種子莢。但更多的問題是來自軍隊，有6週的時間，我們都因軍隊經過而時時保持警覺，我們需要全神戒備，以防止馬匹和貨物被偷。我還真的有一匹馬被偷，但我後來找回來了。」史普魯斯當時主要靠廢棄農場採到的大蕉維生，但這些大蕉後來也全被偷了，而且大多數時間，他根本就連走路都沒辦法，因為他感染了一種會讓人全身無力的病，時不時就會全身軟綿綿。

無論如何，馬克漢的任務算是圓滿達成，原先在英國皇家植物園負責培育史普魯斯於1859年寄回來的乾燥種子，並使其成功發芽的園藝家勞勃‧克羅斯（Robert Cross），最後也前往厄瓜多加入他的行列，一行人還在叢林深處建立了一座以插枝法種植金雞納的溫室；但是一如往常，事情不可能一帆風順。

有一批被軍隊強搶，最後丟在叢林中等死的騾子屍臭，讓他們夜不成眠。史普魯斯在寫給友人約翰‧提斯戴爾（John Teasdale）的信中提及：「10月時我們經歷了幾場地震，其中

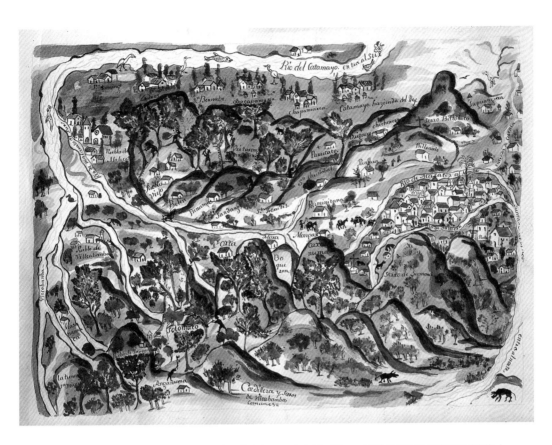

盛產金雞納的厄瓜多維卡班巴（Villcabamba）地圖，
圖中可見建築、河流、人物、動物、開花植物、樹木等。

一天還超過4次，所以你會看到因為地震、革命、火災等引起的各式騷動，住在這裡的人都時時保持警戒。」

到了1860年12月，一行人已準備好帶著大批金雞納幼株和超過10萬顆種子離開，他們用紫葳藤綁了一艘木筏，以順流而下前往海岸，木筏載著647株放在華德箱中的植物，因為怕玻璃在旅途中破掉，還在其中塞滿印花布。他們的決定是對的，木筏在途中三度撞上突出岸邊的樹木，受到嚴重損傷，不過所有箱子最後都奇蹟般完好無損。克羅斯最後將箱子裝載上船，準備運回皇家植物園時，這批植物幾乎沒有留下任何痕跡顯示它們曾經歷一趟艱困的旅程，唯一的問題只有它們因近期身處的環境溫度提高，而成長得太過快速。

在理查・史普魯斯死後，負責編輯其筆記的阿佛雷德・羅素・華萊士認為，史普魯斯的努力可說「大獲成功，幼株抵達印度時狀況相當良好，種子也成功發芽，可說是印度大規模種植金雞納的濫觴，包括南印度的尼

爾吉里丘陵、錫蘭、大吉嶺等地。」
不過華萊士也提到,這些地方的金雞
納並不是長得特別好,並建議應該移
至馬來亞或婆羅洲種植,因為當地的
降雨量和其原生棲地較為接近。

最後壟斷了整個金雞納市場,是
荷屬爪哇,也就是現今的印尼。另一
名英國探險家查爾斯·萊傑(Charles
Ledger)在1830年代抵達秘魯,試圖
透過出口羊駝到澳洲狠狠發一筆大
財,這項事業宣告失敗後,
他把腦筋動到金雞納上。

萊傑有一樣祕密武器,
就是一名當地的玻利維亞
友人兼助手馬努爾·英克
拉·馬馬尼(Manuel Incra
Mamani),他能夠找出奎寧
含量最高的樹種,並提供萊
傑20公斤品質最棒的種子。

1865年,沾沾自喜的萊
傑和英國皇家植物園接觸,
但他卻挑錯了時機。因為在
印度事務部的觀點看來,這
件事已經搞定了,他們已經
沒有興趣在皇家植物園種植
金雞納了,甚至還有一大批
金雞納要處理,根本不需要
更多的種子。最終萊傑只以
20英鎊的價格賣了一磅種子
給荷蘭人,另一小部分給了
印度的私人收藏家。

這個變種小葉金雞納
(Cinchona ledgeriana)雖
然無法在印度順利生長,卻
在爪哇的氣候下蓬勃發展,

白金雞納(Cinchona calisaya),當時的學名為「Cinchona pahudiana」,
取自《圖解帕封的新奎寧研究》,
J·E·霍華德著,1862年。

結果也如同當初所言，奎寧含量相當高。荷蘭人因此能夠在下個世紀壟斷全球的奎寧貿易，南美的金雞納產業則土崩瓦解。

哥倫比亞的金雞納產業在二戰期間經歷了一小段復甦，因為當時日本人占領爪哇，美國轉而尋求替代的奎寧來源。但到了1944年，美國科學家已成功合成出人造奎寧，不僅對瘧疾的療效非常好，副作用也較少，並由德國藥廠拜耳（Bayer）申請專利。天然的奎寧因此從仙丹妙藥變成調製通寧水的絕配，英屬印度流傳琴通寧調酒可以治療瘧疾的傳說，但真的只是個迷思而已。隨著時間發展，引發瘧疾的寄生蟲對人造奎寧的抵抗力也越來越強，所以金雞納很可能還不到退出歷史舞台的那天。

萊傑和史普魯斯兩人最終都死得窮困潦倒，史普魯斯後來在安地斯山脈和亞馬遜繼續待了3年，不僅研究植物，也研究他在旅途中遇到的原住民，包括他們的習俗、傳統、語言。

最後史普魯斯每況愈下的健康迫使他回到英國，他再也無法出外探險，並將採集到的標本賣給收藏家，他在1862年一封寫給不滿客戶的信中解釋道：

「我從來沒想過這樣的生活方式，我的四肢會不聽使喚，但這就是現在的狀況……我曾遇見許多人……他們在兩到三年間賺到的錢就比我這13年來賺得更多，而且他們還不需要跟我一樣忍受大雷雨和傾盆大雨、在及膝深的水中划獨木舟、每天只能吃一頓又爛又少的食物、被毒蟲吵得半夜都睡不著覺，更不要說三不五時就要直視死亡。」

史普魯斯在1864年回到家鄉約克郡，餘生都在撰寫《亞馬遜及秘魯與厄瓜多安地斯山脈地區的地錢》（*The Hepaticae of the Amazon and the Andes of Peru and Ecuador*）一書。本書於1885年出版，迄今都還相當重要，記錄超過700種物種，有500種是由史普魯斯親自採集，其中超過400種都是新發現的物種。

史普魯斯生前並沒有得到應有的關注，或許是因為他本人相當謙虛，而且他最愛的蘚苔和地錢也不是最引人注目的植物。不過1970年時，在他度過餘生的小屋門前，樹立了一塊簡樸的紀念碑，以紀念這位「傑出的植物學家、無懼的探險家（以及）謙虛的紳士」。

巴西栗

Brazil nut

學名：*Bertholletia excelsa*

植物獵人：亞歷山大・馮・洪堡
德、艾米・邦普蘭

地點：哥倫比亞

時間：1800年

1800年3月30日，一名年輕的普魯
士貴族艱難地爬進獨木舟，準備划向
奧里諾科河（Orinoco river）下游，
尋找當時的科學認為不可能存在的水
道。傳說亞馬遜雨林深處存在一條祕
密河流，流入奧里諾科河中，與其
廣袤的水系合而為一，而亞歷山大・
馮・洪堡德便矢志要找出這條水道。

他划過急流和充滿鱷魚的水域，
沿途記下大量筆記，陪伴他的則是

泰然自若的法國植物學家艾米・邦普
蘭，兩人週復一週深入叢林深處，
直到補給耗盡，只好靠乾燥的可可
粉和他們在河岸邊找到的巨大堅果維
生——把堅果敲開後便能取得其中營
養充沛的種子。

最後他們發現並測繪了連接奧里
諾科河和黑河（Rio Negro）的卡西
基亞雷河（Casiquiare river），但當這
趟長達2,250公里的旅程——躲避美洲
豹、食人魚、大蟒蛇，還有被會咬人
的螞蟻和嗜血的蚊蚋生吞活剝，甚至
僥倖逃過亞馬遜雨林各種有毒的動植
物——終於告一段落後，兩名旅人卻
沮喪地得知，自己其實不是第一個發
現卡西基亞雷河的人，不過至少他們
找到的巨大堅果巴西栗（*Bertholletia
excelsa*）確實從未有歐洲人發現。

這趟冒險結束後，洪堡德原先的
計畫是朝北前往墨西哥，但在1801年
初，他得知3年前他想加入的南太平洋
探險隊，終於從法國啟航；如果一切
順利，那麼年底他們便會抵達祕魯，
他就可以在此攔截探險隊，並跟著搭
船前往澳洲。這給了他充沛的時間，

巴西栗，亞歷山大・馮・洪堡德繪，
取自《熱帶植物》（*Plantes Equinoxiales*），1808年。

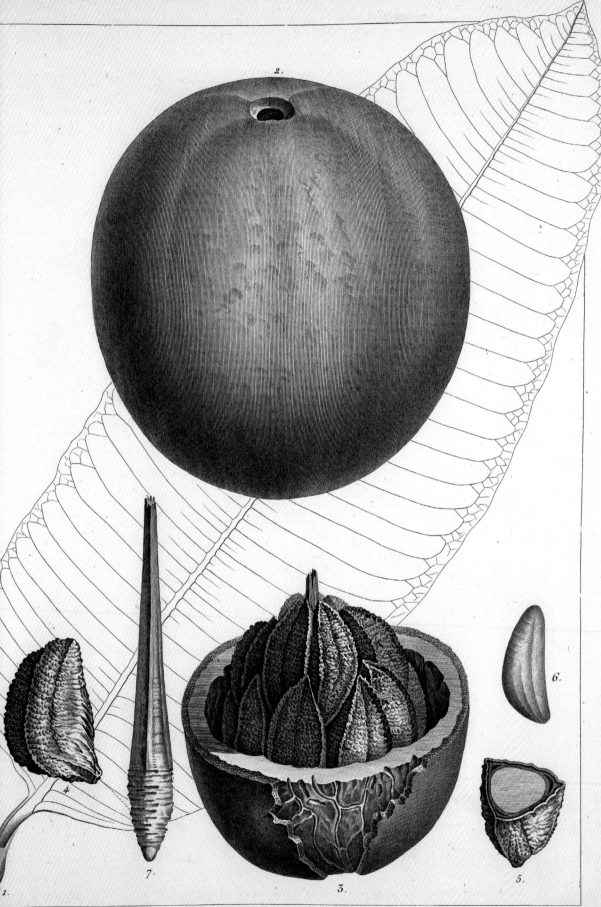

2.

1.

4.

7.

3.

6.

5.

Turpin del.

Sellier sculp.

〈安地斯山脈及鄰近國家的自然景觀分布〉
（*Tableau Physique des Andes et Pays Voisins*），
取自《植物地理分布論文集》，
亞歷山大・馮・洪堡德著，1805年。

能夠將一年半間採集的標本送回歐洲，並跋涉4,023公里橫跨整座南美洲，從現今哥倫比亞的北海岸，穿越高聳的安地斯山脈，到達秘魯首都利馬。途中他還嘗試攀登欽博拉索山，這是一座位於現今厄瓜多的火山，是當時的世界最高峰。

不過法國船隻從來沒有停靠利馬，洪堡德一生也從未踏足南太平洋。但他確實攀登了欽博拉索山，正是在此地爬上前無古人的高度後，這名高瞻遠矚的科學家瞭解植物全球分布的奧秘，從此以後將指引無數植物獵人，尤有甚者，還會改變人類對科學的理解。

這趟攀登相當艱辛，兩人的手腳都磨破，也受高山症所苦，最後抵達破紀錄的6,327公尺高，並在距離山頂305公尺處停下，因為他們被一道令人氣餒、無法通過的深谷阻擋。由於雜工丟下他們，所以兩人必需自行搬運沉重的科學儀器，一路穿過冰雪和鋒利的山脊，並同時進行測量，包括海拔、氣溫、氣壓，甚至還測量了藍天清澈的程度，上山途中也沿途觀察動植物生態。在此，伴著稀薄空氣帶來的奇異清明感，洪堡德俯瞰在他眼前展開的世界，並開始用不同的角度思考。他從青少年時代就著迷於各式科學領域，到了30歲時，已出版過植物學、生理學、礦物學相關的重要著作，但在孤絕中看著無與倫比的大自然，洪堡德發現自己搞錯重點了。真正重要的，應該是所有事物之間的連結。

他思索道，登山的過程就像一趟從赤道前往北極的旅程，他們一開始是從充滿蘭花和棕櫚樹的潮濕熱帶雨林出發，接著穿越了和歐洲相仿的溫帶森林，也開始出現灌木，再來是和瑞士阿爾卑斯山類似的高山植被。隨著他們逐漸接近雪線，洪堡德看

見讓他想起拉普蘭和極圈的苔蘚，而高度超越5,490公尺後，基本上就沒有任何植物了。這些相似處肯定有什麼關聯，而非只是隨機分布。

有好幾個世紀的時間，植物學關注的重點都是分類，以超級精細的細節檢視植物，試圖找出不同植物間的細微差異；而對園藝有興趣的植物收藏家，例如約翰・巴特蘭（參見第222頁）則稍微拓展了植物研究的疆界，注意到某些植物發現的環境，可能會使其較容易種植。但一直到洪堡德，人類才理解把眼光放遠才能夠學到更多東西，比如將植物放在區域或全球環境的脈絡中檢視，就會發現海拔高度、土壤、氣候因素、人為干預都非常重要。

洪堡德同時也是最初幾個發現人為干預會對植物帶來多大傷害的人，他詳細記載了委內瑞拉的濫伐對當地植物帶來的災難性後果。這些脈絡不僅是在植物上，其實在整個自然界都相當明顯，比如洪堡德便發明了等溫線，氣候圖上等溫線經過的地區都擁有相同溫度。而這些因素之間都彼此影響，洪堡德要我們把整個世界視為一個有機體，是一張「生命之網」，所有生物都彼此相關，這個論點可以說是預言了20世紀出現的蓋亞假說（Gaia Theory）。

老實說，洪堡德並不是第一個觀察到生長在相同氣候條件下的植物，會擁有類似特徵的人。他曾花很多時間和他的友人卡爾・路德維希・維登諾（Carl Ludwig Willdenow）討論氣候區的概念，也就是那名誤將大理花重新命名的植物學家（參見第214頁）。維登諾很早就注意到極區的植物會生長在低緯度的山頂上，並推測植物從極區到赤道會漸趨多樣，同時認為植物區的分布應是按照緯度而非經度；洪堡德的貢獻則是繼續發展這些理論，並以廣泛的證據支持，同時找到一個有效的方式，來傳達他學到的知識。

這裡有很大一部分都是透過描繪欽博拉索山達成，洪堡德幾乎是一下山就開始畫起素描，這幅素描後來也會成為他1807年出版的《植物地理分布論文集》（*Essai sur la Géographie des Plantes*）中的重點。巨幅折頁描繪了這座火山的剖面，顯示植物是如何隨高度分布，圖片的兩側則是各式提供相關資訊的圖表，包括氣溫、濕度、光線強度、地質情況、土壤組成等，全部都和高度有關；參照的其他山脈，則顯示植物、高度、氣候之間的關係在世界其他地區也類似。

洪堡德的「自然描繪」（Naturgemälde）雖然充滿細節，卻

可以在一眼之間看出重點，在他這趟試圖讓普羅大眾都瞭解他眼中和諧自然的追尋中，洪堡德或多或少發明了所謂的資訊圖表。

抵達利馬後，洪堡德和邦普蘭繼續前往墨西哥和古巴，還短暫停留美國一段時間，接受湯瑪斯·傑佛遜總統熱情的款待，最後在1804年返回歐洲。他們在美洲5年的成果除了12,000件植物標本外，還創造了各種思考植物的全新方式，這些概念至今都仍影響著我們，像是植物族群、生態多樣性以及動植物和環境之間的互動關係，也就是我們現在稱為的「生態系統」。

洪堡德接下來20年都待在當時的世界科學首都巴黎，耗盡他繼承並用來資助自身探險的財富，來出版他探險的成果。他總計出版了16本植物學著作，其中包括大約8,000種植物的紀錄（超過一半是全新的物種）、2本動物學著作、4本天文學和地球科學著作、3本描述美洲探險的著作、4本和新西班牙政治經濟相關的著作以及一本從未完成的遊記。他一生撰寫了超過50,000封信件，收到的信甚至更多，眾人視他為歐洲科學的中流砥柱，聲望僅次於拿破崙。

1827年，洪堡德返回柏林，接下來30年間都在撰寫他的巨作《宇宙》（Cosmos），本書的目的是要整合他所知的所有科學和文化知識，並將其統合至全面的宇宙觀中。洪堡德於高齡90歲去世前仍在撰寫本書，這對一個總是堅持科學知識日日都在進步、永遠不會完成的人來說，可說是適得其所。

邦普蘭最終也選擇回到南美洲，並在此度過精采一生，先是在巴拉圭遭到將近10年的監禁，後來則前往阿根廷成為柑橘果農。洪堡德和邦普蘭兩人現今在南美洲受到的紀念，都遠超他們的家鄉歐洲，而且月球上也有以兩人命名的地名。

那麼在洪堡德和邦普蘭最艱困的時候，滋養他們的好吃堅果呢？

巴西栗可以說是洪堡德在欽博拉索山上領悟的複雜自然關係的最佳例證，兩人是在哥倫比亞的亞馬遜雨林發現這種堅果，但巴西栗也分布在蓋亞那、委內瑞拉、秘魯和玻利維亞東部，當然還有巴西。巴西栗要很久才會成熟，我們稱為堅果的熟悉厚實種子，必需花上14個月才會在類似椰子的圓形木質硬殼中長成；巴西栗樹也非常巨大，可以高達50公尺~60公尺，高高「突出」雨林上方，果實則重達2公斤。由於果殼非常厚，通常厚達超過1公分，所以成熟後掉到地上也不會裂開，需要牙齒如鑿子般尖利的囓齒動物咬破外殼，種子才能傳播。

THE PLANT HUNTER'S ATLAS

生性害羞、大小和兔子差不多、親緣和天竺鼠相近的蹄鼠，在巴西栗仰賴的複雜生態系統中，扮演重要角色。巴西栗的果實可能含有多達25顆種子，就像橘子的瓣一樣，蹄鼠無法一次全部吃完，所以吃飽之後，蹄鼠會把一些種子埋起來之後再吃。某些存糧可能會遭到遺忘，如果光照程度得宜，這些種子最後就能成功發芽，長出新的巴西栗樹。

人類也曾嘗試大規模種植巴西栗，但至今都沒有成功，因為巴西栗的生命週期並不只是依賴蹄鼠而已，還有其他生物也相當重要。巴西栗的奶油黃花朵是由蜜蜂負責授粉，而且還不是一般的蜜蜂，只有雌性的蘭花蜜蜂體型才夠大也夠強壯，能夠在緊緊纏繞、擁有許多遮蔽的花朵中，開出一條採蜜之路。這些雌蜂只會和散發特定香味的雄蜂交配，其香味是從數種雨林蘭花取得的蜂蠟混合物，主要來自瓦氏吊桶蘭（*Coryanthes vasquezii*）。因此，如果附近沒有這種蘭花，蜜蜂就不會交配，巴西栗花朵也無法授粉，遑論結出果實。

就是因為這種複雜精細、高度特殊的生態系統，巴西栗根本無法在雨林以外的環境種植，只能從野外，也就是原始的成熟樹林中採集。由於林業和其他人類活動不僅威脅到巴西栗本身，也傷害到重要的蘭花，巴西栗目前處在非常大的危機中，亞馬遜地區上萬戶人家的生計也受到影響。另一個威脅則是過度採集，如果採集太多果實，就不會有足夠的年輕樹木可以取代衰老的樹木，進而使整個族群達到穩定狀態。

這也是洪堡德在他的南美之旅中，觀察金雞納樹皮的採集狀況時（參見第250頁）所發現的問題，同時顯示洪堡德為科學研究帶來的新觀點，是多麼截然不同。從亞里斯多德時代以降，普遍的觀點都自然是為人類的利益而生，但是透過把自然界中的萬物視為一張生命之網，牽一髮而動全身，洪堡德所提出的世界觀，是史上第一次不再以人類為中心的觀點。人類再也無法把自己的意志強加到地球之上，而不考慮任何後果。

蹄鼠，這是一種分布在亞馬遜地區的囓齒動物，對巴西栗的傳播相當重要。

264

AGUTI

九重葛
Bougainvillea

學名：*Bougainvillea spectabilis*

植物獵人：菲利帕・康默生、尚妮・芭特

地點：巴西里約熱內盧

時間：1767年

對許多人來說，九重葛可能只是一種常見的節慶植物，不過這種源自南美、分布範圍相當廣（巴西西至秘魯，南至阿根廷南部）、擁有鮮豔顏色（主要是洋紅色、紫色、粉紅色、緋紅色、橘色）且能夠承受炙熱、高鹽分、乾燥的植物，其實在全世界的溫帶氣候區，都是相當受歡迎的觀賞性植物。而在其原生地亞馬遜雨林，九重葛長久以來都是一種藥草，傳統上用來治療呼吸道疾病，現代的研究則顯示其擁有珍貴的抗菌、消炎、避孕功能，甚至也能用來治療胃潰瘍和糖尿病。

這種鮮艷的藤本植物是以軍事家、學者、數學家路易—安東・德・布甘維爾命名，他在1766年奉命代表法國將福克蘭群島移交給西班牙，由於福克蘭群島上的法國殖民地便是由他自己出資建立，這可說是個有點苦澀的責任。幸好路易十五（Louis XV）還命布甘維爾繼續環遊世界一周，蒐集所有對法國和其殖民地有益的事物，這多少為他帶來了點安慰，而這也是史上第一趟配有專業科學團隊的遠征，包括一名天文學家、一名製圖師以及著名的植物學家菲利帕・康默生。

布甘維爾啟航時搭乘的是「陰沉號」（Boudeuse），但康默生抵達時行李實在太多，於是他只好搭乘貨船「恆星號」（Étoile）。耐人尋味的還有，康默生上船時並沒有帶著指派給他的僕人，而是帶上了一名總在碼頭附近閒晃的男子尚・芭特（Jean Baret）。

〈某種巴西藤本植物的葉片和花朵，以及蜂鳥〉
(*Foliage and Flowers of a Brazilian Climbing Shrub and Humming Birds*)，
瑪麗安娜・諾斯繪，1873年。

L'ILLUSTRATION HORTICOLE

D'APRÈS "THE GARDEN"

　　事實證明芭特是名得力助手,他本身也是個專業的植物學家,而且根據布甘維爾的航海日誌,「尚背著康默生大量沉重的採集裝備越過森林和叢林、爬上雪山、穿過麥哲倫海峽的暴雪時,也都一聲不吭,沒有任何抱怨。他充滿勇氣和力量,博物學家因此……稱他為『負重猛獸』。」康默生因為靜脈潰傷無法走路時,芭特也是一名盡忠職守的護士;老人如果身

九重葛,取自《園藝插畫》(l'Illustration Horticole),
C·A·勒梅爾(C. A. Lemaire)著,1895年。

等到1789年，由另一名法國植物學家安東・羅洪・德・朱西（Antoine Laurent de Jussieu）運用康默生的標本和探險筆記完成。話雖如此，芭特在恆星號的船員間其實不太受歡迎，大家都注意到他冷淡的舉止以及奇怪的如廁習慣。

1767年4月，經過52個疲憊的日子，努力橫越麥哲倫海峽後，精疲力盡的一行人終於登陸大溪地，康默生和布甘維爾都相當興奮，他們把這座島命名為「新西瑟拉」（New Cythera）。而他們針對當地居民的各種記述，像是形容其和善又性致勃勃且過著一種「遠離其他凡人的罪惡和衝突」的寧靜生活，後來也對未受文明腐化的「高貴野蠻人」（noble savage）概念帶來深遠影響，這在19世紀的法國思潮中相當盛行。

然而，對芭特來說，大溪地可以說是一場災難，因為根據布甘維爾的說法，就是在這裡，「尚」的身分被揭露為「尚妮」，其實是康默生長年的管家、情婦和植物獵人夥伴。

由於法國所有的海軍軍艦都禁止女人上船，所以如果尚妮想要陪伴她的主人，就別無選擇必需束起胸部、假冒成男人。康默生對此則是怯弱地宣稱自己完全不知情，但這其實不太可能，因為芭特就是他遺囑的主要

體不舒服無法登陸，芭特就會自己採集。而1767年6月船隻停泊在里約時，我們幾乎可以確定，就是芭特帶回了九重葛——康默生用他的指揮官命名的藤本植物，不過其正式命名則是要

繼承人。更糟的還在後頭，根據船醫的日誌，探險隊抵達巴布亞紐幾內亞時，芭特在岸邊遭到埋伏，隨後被船員輪姦。

探險隊後來在距離澳洲160公里處遭到大堡礁阻擋，為之後的庫克船長和奮勇號鋪路，並於1768年11月抵達印度洋上的法國殖民地模里西斯，該地當時稱為「法國之島」（Isle de France）。船隻離開時，康默生和已經懷孕的芭特並沒有同行，他們宣稱收到命令，必須留在此處探索模里西斯、鄰近的島嶼以及馬達加斯加。這些命令很可能是真的，而非只是要避免醜聞，因為當時的模里西斯總督皮耶·波佛（Pierre Poivre）本身就是個著名的博物學家，而且船隊的天文學家也在此時轉調到印度，以觀測即將接近地球的金星。

對這對植物獵人鴛鴦來說，事態的新發展較為順利，康默生到未經探勘的火山採集礦物標本，記錄了島上各式特有種，並形容馬達加斯加為博物學家的「應許之地」，其「自然模型」和其他地方截然不同，讓人相當興奮。但他的健康卻持續惡化，即便忠誠的尚妮持續照料，仍於1773年英年早逝，享年45歲。

布甘維爾則於1769年3月16日回到法國聖馬洛（St Malo），他是第一個成功環遊世界的法國人，受到國家英雄般的歡迎，但這並沒有讓他在法國大革命期間逃過淪為階下囚的命運，畢竟他可是路易十六（Louis XVI）的科學顧問。不過他在恐怖統治結束後遭到釋放，滿懷感激自己能夠存活，因此退休到布利（Brie），打算種種玫瑰，就此平靜過完一生。然而，布甘維爾在1799年遇上拿破崙，拿破崙相當欣賞他，不僅讓他回歸政界擔任參議員，甚至還封他為伯爵。

康默生死後一年，孤身一人且身無分文的尚妮，嫁給了一名法國士兵尚·杜貝納（Jean Dubernat）。1755年，兩人帶著康默生所有的研究和6,000件標本回到法國，這使得尚妮成為史上第一個成功環遊世界的女性，而且她還設法繼承康默生的財產。她的「輕率之舉」也在1785年遭到赦免，政府還為她和康默生的貢獻發放200磅的退休金。尚妮最後於1807年過世，享壽67歲。

除了尚妮帶回的大批標本，康默生死前也把34四箱植物、種子、魚類和繪畫寄回巴黎。現今法國的國立自然史博物館（National Museum of Natural History）中有1,735件標本屬於他的收藏，包括5件九重葛標本，但其中某些應該是屬於尚妮·芭特的才對。

九重葛，取自《植物學雜誌暨開花植物名冊》（*Magazine of Botany and Register of Flowering Plants*），約瑟夫·派克斯頓著，1845年。

智利南洋杉
Monkey puzzle

學名：*Araucaria araucana*

植物獵人：艾奇伯德·門席斯

地點：智利

時間：1795年

1795年3月，英國皇家海軍的「發現號」（Discovery）即將結束4年的環球旅程，在智利瓦爾帕萊索（Valparaiso）靠岸，船長喬治·溫哥華和船醫暨博物學家艾奇伯德·門席斯隨即受邀到名字相當華麗的智利總督——唐·安布羅修·歐希金斯·德·瓦耶納爾（Don Ambrosio O'Higgins de Vallenar）家用餐。他的私生子伯納多·歐希金斯（Bernardo O'Higgins）後來將領導這個殖民地脫

離西班牙獨立。

在奢華的菜餚中有一道甜點含有陌生的堅果，門席斯相當好奇，因此藏了幾顆到口袋裡，並在回到船上後試著種植，不過有些人不太同意這個說法，因為這些比較像栗子的松果，烤過之後是很好吃，但是生的根本難以下嚥。無論如何，不管門席斯種下的是這些從餐桌上偷來的堅果，或是他在回到船上的長途路程中採集的新鮮堅果，6個月後他回到英格蘭時，他都已經有5~6棵健康的智利南洋杉（*Araucaria araucana*，當時的學名為 *Araucaria imbricata*）幼苗。

這些幼苗能夠順利回到英國簡直是奇蹟，因為門席斯和溫哥華的關係其實相當緊張，溫哥華時常抱怨門席斯的「園藝箱」在甲板上很占位子，並忽視門席斯和他反映植物總被老鼠偷吃還有被纜索滴下的柏油腐蝕，同時還屢次拒絕他上岸採集的要求。溫哥華甚至還指派本來負責照顧植物的僕人協助船務，使得門席斯大部分的發現都在一場風暴中損毀，兩人大吵一場，門席斯還被逮捕。

〈智利南洋杉和原駝，繪於智利〉（*Puzzle-Monkey Trees and Guanacos, Chili*），瑪麗安娜·諾斯繪，1885年。圖中可見成熟智利南洋杉光裸的樹幹。

Male cone of
Araucaria
imbricata
Filtz Park
Aug 2 — 1909

回家前一個月，門席斯在寫給喬瑟夫·班克斯的信中唉嘆：「我現在只能給你看許多（植物）的屍體，我們最後一次橫越赤道時，這些植物都還生機蓬勃。」不過無論如何，其中2棵智利南洋杉後來仍成功種在班克斯自己的花園中，另外3棵則種在英國皇家植物園，有一棵還存活到1892年。

智利南洋杉是一種高聳的常綠針葉樹，原生於智利南部及阿根廷，主要生長在安地斯山脈低處山坡的溫暖雨林中。第一個發現智利南洋杉的歐洲人，是1780年代左右的西班牙探險家法蘭西斯科·丹德里亞雷納（Francisco Dendariarena），他受西班牙政府所託，尋找適合造船的樹木，而智利南洋杉便相當合適。

但將智利南洋杉當成觀賞性植物的熱潮則是在1820年代興起，當時一名倫敦園藝學會的植物獵人詹姆斯·麥克雷（James McCrae），從智利帶回一小箱大部分遭海水摧毀的智利南洋杉，以及用紙、沙、糖妥善保存的種子；1826年，幾名熱切的買家獲得了12株幼苗，幾年後第一批溫室就開始以天價販賣「智利松」。

天價當然也讓智利南洋杉聲名更加遠播，1830年代時，威廉·摩斯沃茲（William Molesworth）爵士花了20基尼買了一株種在他的龐卡羅（Pen-

智利南洋杉的雄毬果，
瑪莉·安·史泰賓（Mary Anne Stebbing）繪，
英國皇家植物園收藏，1946年。

carrow）莊園中；而正是因為摩斯沃茲的其中一名客人，律師查爾斯·奧斯汀（Charles Austin）提到要爬上一棵這麼多刺的樹，可能「連猴子都覺得是個難題」，所以智利南洋杉也稱為「猴謎樹」。

1843年，第一條智利南洋杉大道在德文郡的比克頓（Bicton）落成而引發轟動，知名的溫室主人詹姆斯·維奇這時也發現其中的商機，並派出史上第一個商業植物獵人威廉·洛布，前往南美洲尋找更多種子。而洛布看到智利南洋杉後，就和那隻想像中的猴子一樣陷入難題，因為樹實在太高，根本無法攀爬，他的解決方式是把毬果從樹上射下來，最後也成功將超過3,000顆種子寄回艾克斯特（Exeter）。

智利南洋杉很快成為19世紀的保時捷或Prada手提包，而其最佳的展示地點莫過於德比郡的艾維斯頓城堡（Elvaston Castle），因為娶了演員情婦而遭上流社會驅逐的第四代哈靈頓伯爵（4th Earl Harrington），在此給了他的新娘「世界上最大的結婚禮物」——一座以騎士宮廷之愛佈置的花園。花園使用小棵的智利南洋杉築起花牆，因此沒有閒雜人等可以進入，後來這種佈置方式也廣為流傳，星形的花床中央則是有一棵高達8公尺

「神奇垂下」的樹木，此外還有至少3條擁有智利南洋杉的大道，整個花園總計有超過上千棵智利南洋杉，想必砸了大錢。不過到了1856年，20年前一棵要價2~5基尼的樹齡4年大智利南洋杉，只要2先令就可以買得到，所以即便是中型的郊區房舍也能擁有智利南洋杉。

人們開始大量種植智利南洋杉，不過卻沒什麼人在意這種樹在其原生地，其實可以長到50公尺高，壽命長達上千年，而且根據業餘博物學家暨古董收藏家赫伯特・馬克士威爾（Herbert Maxwell）爵士1915年的紀錄看來，智利南洋杉也不太適應城市生活：

沒有其他樹像智利南洋杉這樣，在不當的生存環境受盡折磨……我也不知道在植物世界中，有其他植物能跟智利南洋杉一樣陰鬱，被迫擠在郊區的莊園中，還必需忍受煙燻並努力求生，唯一的生命跡象只有被燻黑的可憐樹枝上的點點綠葉。

現今世界上有超過三分之一的野生針葉樹，包括智利南洋杉在內，都面臨絕種威脅。由於擁有巨大筆直的樹幹、相當堅固耐用、不怕黴菌腐蝕等特質，歷史能夠追溯到2億年前的智利南洋杉族群，在100多年的時間內便遭大量砍伐。理論上，從1976年以後砍伐智利南洋杉就是犯法，因為智利當時宣布這是國家的「自然寶藏」，然而智利南洋杉的棲地本來就常常發生森林大火，加上周遭火山活動的影響，智利南洋杉仍面臨絕種風險。光是在上個10年內，就有上萬公頃的智利南洋杉樹林遭到大火摧毀，目前僅存20萬公頃。

1991年，愛丁堡皇家植物園成立了國際針葉樹保育計畫（International Conifer Conservation Programme），由馬汀・蓋德納（Martin Gardner）負責，現今已是世界上最大的瀕危樹木移地保育社群之一，成功在英格蘭和愛爾蘭等地建立超過200個「安全地點」，包括位在蘇格蘭班摩（Benmore）模仿智利環境的大型棲地，這些棲地一同為世界上超過一半的瀕危針葉樹提供庇護。

同時，在智利和「雨林關懷組織」（Rainforest Concern）及「FORECOS基金會」（Fundación FORECOS）等夥伴合作的保育工作，也促成了納珊普里保留區（Nasampulli Reserve）的設立。這片私人保留區面積達1,650公頃，其原始南洋杉林不僅是古老樹木的家園，也擁有美洲獅、各種野生貓科動物、世界上最小的鹿以及類似老鼠的有袋類動物「智利負鼠」，這是另一種「活化石」，和生存在其中的智利南洋杉一樣古老。

智利南洋杉,取自《不列顛之松》,E·J·瑞凡斯考夫特著,
1863年~1884年。

亞馬遜王蓮

Amazon water lily

學名：*Victoria amazonica*

植物獵人：勞勃・尚伯克

地點：蓋亞那

時間：1837年

「探險家勞勃・尚伯克（Robert Schomburgk）絕對不能採集植物」，這是來自倫敦皇家地理學會（Royal Geographical Society）的明確指示，學會於1835年派遣尚伯克前往英國在南美洲的新殖民地，也就是現今的蓋亞那，探索完全未知的內陸地區。

學會還在一封措辭激烈、充滿批評的信中，不滿他前往艾瑟奎波河（Essequibo river）的探險受到無法橫越的瀑布阻礙，並提醒他應該優先測繪這些無人踏足過的土地，而非進行植物採集。

但是學會給尚伯克的經費根本不夠，他還必需自掏腰包完成這趟探險，因此為了平衡收支，唯一的方法就是沿途採集蘭花賣給洛蒂吉斯溫室，最後也有足夠的蘭花成功在華德箱中存活下來，讓尚伯克擁有第二趟遠征的資金。但是整體來說，尚伯克的採集過程其實有些悲慘，他採集的第一批植物，和他大部分的地理筆記及裝備，都一起隨著他的其中一艘獨木舟在急流中翻覆沉沒；在第二趟探險中，他的獨木舟則是被偷了。

和前輩艾米・邦普蘭相同，尚伯克也在風乾標本上遇到非常大的困難，標本要不是被蟲吃掉，就是在下不停的大雨中發霉。所以1837年元旦他掙扎地沿著第三個水系往上游前進，一如往常受猖獗的蚊蚋折磨、補給匱乏、隊員的狀況也都非常差時，他對新的一年已經沒什麼期待了。

一行人好不容易通過無數障礙，終於成功抵達上游，眼前展開的是一片平靜開闊的水域，突然之間，這名

描繪亞馬遜王蓮盛開花朵的版畫，華特・胡德・費奇繪，取自《亞馬遜王蓮》（*Victoria Regia*），威廉・傑克森・胡克著，1851年。

沮喪的探險家簡直不敢相信映入眼簾的事物……

根據伊莉莎白時代的探險家華特·雷利（Walter Raleigh）爵士的說法，蓋亞那便是傳說中歐洲人遍尋不著的神祕「黃金城」（El Dorado）所在，尚伯克這次倒是真的撞上黃金了——植物中的黃金。

「汙濁水面浮著巨大的『托盤型』葉片，寬達1.5公~1.8公尺，上方寬闊的圓形表面是淺綠色，下方是鮮豔的深紅色；和美麗葉片相稱的，則是擁有數百片花瓣的華麗花朵，花瓣色彩繽紛，從純白色、玫瑰色，到粉紅色都有。」尚伯克的旅途再次受阻，但這次卻是因為散發芬芳、尺寸無與倫比、極度壯觀的睡蓮阻擋，用維多利亞時代的口頭禪來說，簡直是「植物奇蹟」。

雖然事實上，還要再過幾個月（1837年6月），維多利亞女王的統治才會正式展開，但尚伯克當下就考慮

亞馬遜王蓮，華特·胡德·費奇繪，
取自《亞馬遜王蓮》，
威廉·傑克森·胡克著，1851年。

280

將這種壯觀的花朵獻給年輕的公主。而他一結束第三趟遠征，便開始著手根據他在現場留下的筆記和素描，創作一幅大型油畫，並謙虛地建議學會可以將其獻給公主殿下。等到探險隊回到英國時，維多利亞已成為女王，而這幅油畫和獻禮，是再適合不過的加冕禮。

要採集這麼巨大的植物標本是一件麻煩的事，特別是還必需把地理發現擺在優先，後來是著名植物學家，同時也是皇家地理學會會員的約翰‧林德利，愉快地接下檢驗尚伯克從蓋亞那寄回來的植物這項任務。

植物雖已開始腐爛，但靠著尚伯克非常精確的描述，林德利還是有辦法判斷這種植物並非如其發現者所認為的睡蓮屬，而是一種全新的屬；在愛國心的驅使下，他驕傲地將其命名為「亞馬遜王蓮」（*Victoria regia*）。但有個小問題，尚伯克把他的繪畫和記錄寄給新成立的植物學會後，學會

亞馬遜王蓮，華特‧胡德‧費奇繪，取自《亞馬遜王蓮》，
威廉‧傑克森‧胡克著，1851年。
這一系列描繪亞馬遜王蓮的插畫，
多是根據在錫恩宮和英國皇家植物園開花的情況所繪。

誤把學名寫成「*Victoria regina*」，這是一個拉丁文法上的小錯誤，卻讓嚴謹的學者大為光火，有關正確學名的爭論因此持續延燒了數十年之久。

但這可沒有讓「水上女王」的大眾魅力減少絲毫，不僅迅速攻佔各小報頭條，而且這種世界上最大的睡蓮其實並非專屬於英國領土，其他地方也有生長，尚伯克也並非第一個發現的人，這種種事實都沒有讓全國的興奮衰退半分；因為先前的發現都是來自「外國人」（德國出生的尚伯克卻可以算是榮譽英國人），加上以前都沒有妥善紀錄，沒有人認為這是新的屬。現今亞馬遜王蓮的正式學名為「*Victoria amazonica*」，公認的第一個發現者是德國植物學家愛德華·佛里德里希·波皮西（Eduard Friedrich Pöppig），他早在1832年便於亞馬遜發現這種植物，但尚伯克搶走了所有風采和榮耀。

下一個挑戰則是把能夠發育的種子帶回英格蘭，試圖把活體植物帶回來根本是癡人說夢，不僅因為葉片下方長滿可怕的棘刺，每片葉片還都和成年男子一樣重；帶回種子這個不可能的任務，在經歷多年歲月和無數次失敗嘗試後，才終於達成。隨後不列顛技術最精湛的園藝家便展開一場比賽，看誰能夠讓第一朵亞馬遜王蓮開花。

在英國皇家植物園，準備重振這座植物園往昔榮光的新任園長威廉·傑克森·胡克奪得先機，成功讓種子發芽，但後來只能眼睜睜看著他珍貴的植物死於缺乏日照，當然還有因為注入池塘中的骯髒泰晤士河水。而在泰晤士河對岸的錫恩宮，諾森伯蘭公爵則是完全負擔得起過濾河水，所以他的亞馬遜王蓮長得比較好。不過這場比賽，最終還是由德文郡公爵的萬能庭園設計師約瑟夫·派克斯頓獲勝，他在1849年11月8日成功在查茲渥斯莊園讓這種頑強的植物屈服，並順利開花。

派克斯頓為亞馬遜王蓮建造了一座擁有暖氣的特別「玻璃溫室」，水池還能模擬柏比斯河（Berbice river）慵懶的水流。整座建築史無前例的優雅透明設計，穹頂由看似沒有支撐的玻璃作成，根據派克斯頓的說法，是受到亞馬遜王蓮本身啟發，他寫道：「大自然創造了寬敞的葉片和橫向的支撐，我便以此為靈感設計建築。」

正是這座創意溫室，在幾週後成為派克斯頓設計水晶宮的參考，水晶宮佔地達7公頃，是當時世界上最大的玻璃溫室，並在1851年成為英國萬國博覽會的壯觀場館，連大文豪查爾斯·狄更斯都讚嘆道：「歐洲最大建築最初的起源，便是來自世界上最大

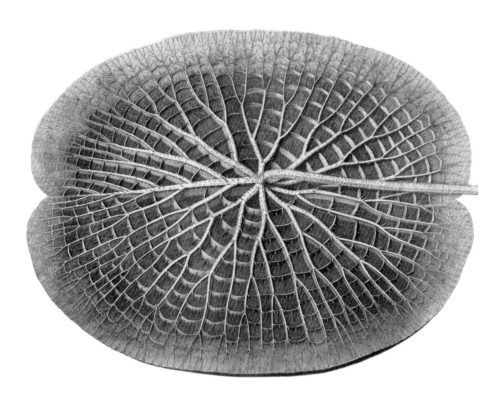

的花朵。」

亞馬遜王蓮的花朵可以長到30公分大，但壽命卻相當短暫。野生的亞馬遜王蓮是由夜行性甲蟲負責授粉，花朵會在黃昏時盛開，呈白色以吸引昆蟲，並散發類似鳳梨和牛奶糖的香味。此外，為了引誘昆蟲，花朵還會「散熱」。

甲蟲會飛向這個散發甜味的溫暖遮蔽，在夜間貪婪吸食時，花朵便悄悄闔上，吃飽的甲蟲會舒服地在此待到隔天，將身上的花粉傳播到柱頭上，花色也會從白色漸漸變成淡粉紅色。隔夜花朵便不再散發香氣，並會再度盛開，接著從開口附近排成一圈的雄蕊釋放花粉，而隨著渾身沾滿花朵黏液的甲蟲飛離，花粉也會黏在牠們身上，跟著前往下一朵白花。

幾個小時後，完成任務的粉色花朵，便會沉入河床中，就像在聖多明哥種花度過餘生的尚伯克，光榮時刻都如曇花一現。

亞馬遜王蓮，威廉・夏普（William Sharp）繪，
取自《亞馬遜王蓮，又稱美洲王蓮》
（*Victoria Regia or the Great Waterlily of America*），
J・F・艾倫（J. F. Allen）著，1854年。

赫蕉／蠍尾蕉
Heliconia

學名： *Heliconia*

植物獵人： 瑪麗亞・葛拉罕

地點： 巴西里約熱內盧

時間： 1825年

那是1822年11月一個溫暖靜謐的夜晚，瑪麗亞・葛拉罕坐在朋友家外的陽台，她到智利是為了照顧一名生重病的年輕親戚。

此時天空突然劃下一道閃電，接著「屋子突然晃了很大一下，伴隨地雷爆炸的聲響，我繼續坐著……但震動一直沒有停下，煙囪倒塌，我看見屋子的牆壁裂開……我們往下跳到地上時，馬上發現地表的動靜從快速震動轉為海上船隻般的晃動。」

她迅速跑回屋子拖出生病的年輕人，親眼看著剛蓋好的房子倒塌，但葛拉罕相當沉著，而且觀察入微，包括沿著海岸出現的「巨大裂縫」以及瓦爾帕萊索灣（Valparaiso Bay）突出水面的岩石。她接著推測，如此劇烈的抬升，一定和安地斯山脈的形成有關，這個概念將啟發查爾斯・萊爾（Charles Lyell）提出革命性的大陸形成理論。但葛拉罕的說法後來卻遭到質疑，大家認為她身為一個女人，應該會害怕到無法在地震時作出準確的觀察才對。

那一年對瑪麗亞・葛拉罕來說並不好過，她當時30幾歲，丈夫是一名經驗豐富的船長，卻在合恩角不幸身亡，她於是帶著丈夫的遺體於1822年4月抵達瓦爾帕萊索。厚葬丈夫後，葛拉罕理應趕回英格蘭，但她卻在當地一間玫瑰環繞的小屋住下，並在丘陵間採集植物，只有一名苦工陪伴，這讓當地社會為之驚駭。她把採集到的種子寄回給愛丁堡皇家植物園的勞勃・葛拉罕（Robert Graham），同時也採集球莖，之後將會交給倫敦漢默

赫蕉，瑪麗亞・科考特里約熱內盧植物收藏，英國皇家植物園，1825年。

鳳梨花，瑪麗亞・科考特里約熱內盧植物收藏，
英國皇家植物園，1825年。

史密斯知名的「葡萄園溫室」。

此外，葛拉罕也用她流利的西班牙語，跟當地婦女學習和她採集的植物相關知識，並投身這個年輕獨立國家的政治活動，而她和到智利指揮海軍的考克倫伯爵（Lord Cochrane）之間的友誼，也招來各種歹毒的流言蜚語。或許是因為這個原因，也可能單純只是因為葛拉罕必需在帳篷住上好幾週，還要受餘震侵襲，所以想要一座堅固的房子，讓她決定是時候返回英格蘭了。

葛拉罕取道里約熱內盧動身回國，出乎意料的是，她在此地獲得一個工作機會──擔任巴西王室公主的家教，這名公主便是後來的葡萄牙女王瑪麗亞二世（Maria II）。

而後葛拉罕倉促返回英格蘭一趟，處理出版事務。她在前往印度旅行後便成為作家，出版了兩本暢銷著作，其中不僅描寫「（印度當地）人民及殖民者的生活和風俗」，也描述了印度豐富的植被，她並於1809年嫁給湯瑪斯・葛拉罕（Thomas Graham）。葛拉罕尤其深受加爾各答植物園震撼，她在此結識威廉・羅斯堡（參見第97頁），並相當欣賞《印度植物考》這本巨著中他出資贊助的精細插圖，也可能是羅斯堡激起她終生對植物實用及經濟價值的興趣，葛拉

罕認為這比分類植物還重要太多。

1824年9月，葛拉罕回到里約，但她擔任公主家教的時間卻相當短暫，6週後皇帝便將她解雇。在她離開英國前，有人介紹她認識了格拉斯哥大學的植物學教授威廉・傑克森・胡克，兩人從此保持通信。

葛拉罕在信中向胡克提及「吉基提巴樹」，很可能便是卡林玉蕊（*Cariniana legalis*），因為相當高聳筆直，可以拿來製造船桅，還有長在她花園裡的吉貝木棉（*Bombax pentandrum*，現學名為*Ceiba pentandra*）以及「五六種奇異的仙人掌」。葛拉罕在剩下的巴西時光中，也把植物寄回給胡克，包括「長在我位在拉蘭熱拉斯（Larenjeiras）的小屋附近，以及基督山（Corcovado）520公尺山頂花崗岩上的22種蕨類。」

和當時大部分中產階級年輕女子相同，葛拉罕也曾學過畫，即便她對自己的繪畫能力沒什麼信心，她仍認為這些畫作，至少能讓其他人瞭解植物花朵和葉片的正確顏色，因為跟許多在濕熱南美洲採集的植物獵人一樣，葛拉罕也在製作乾燥標本上遇到很大的困難。她寫道：「我不太習慣畫花，但我可以做到，也可以畫下奇異的種子等等，只要讓我知道我能怎樣幫上忙，我就會試著達成。」

在1824年到1825年間，葛拉罕繪製了將近百幅巴西植物的畫作，除了記錄植物發現的確切時間和地點，畫作背景也常常會是植物棲地的風景，如同第285頁的赫蕉。

赫蕉（*Heliconia*）是以赫利孔山（Mount Helicon）命名，希臘神話中負責掌管藝術和科學的9位謬思女神便居住於此。從前屬於芭蕉科的成員，目前則屬於赫蕉科下唯一的赫蕉屬，在美洲各地的熱帶森林中相當常見，也有數種分布於西太平洋的島嶼上。

赫蕉細長、下垂、明亮的「花朵」其實不是真的花，而是由蠟質的苞片組成，這是位於花朵基部的葉片構造，真正的小花便藏在其中。赫蕉的苞片顏色通常相當鮮豔，包括紅色、橘色、黃色、紫色、粉紅色、綠色，也有可能是上述各種顏色混雜，主要是由蜂鳥負責授粉，某些赫蕉也可以由蝙蝠授粉。

1825年底，葛拉罕回到英格蘭過上作家生活，撰寫藝術和歷史相關著作，也創作童書，而且不知為何總含有植物元素，她的最後一本著作則是和《聖經》中提及的植物有關。1827年，她嫁給諾丁丘（Notting Hill）的風景畫家奧古斯都·沃爾·科考特（Augustus Wall Callcott），科考特在10年後受封為騎士；過去那個精力充沛、渴求知識，甚至擁有「穿著細布的形上學家」綽號的年輕女子，現在成為了受人敬重卻體弱多病的科考特夫人。

承受多年的病痛後，葛拉罕最終於1842年過世，並以風行百年的兒童歷史書《小亞瑟的英國史》（*Little Arthur's History of England*）的作者身分，存留在世人心中，而她對科學的貢獻則遭遺忘。

翼柄決明，瑪麗亞·科考特里約熱內盧植物收藏，英國皇家植物園，1825年。

布袋蘭

Crimson cattleya / Ruby-lipped cattleya

學名：*Cattleya labiata*

植物獵人：威廉・史文森

地點：巴西

時間：1818年

1818年，英國植物獵人威廉・史文森（William Swainson）蒐集了一箱珍稀植物，準備從巴西雨林運回英國，他也找到一些堅韌的樹葉，於是就用樹葉包裹他的珍貴發現一同送回英國。

不過威廉・凱特利（William Cattley）收到這箱植物後，反倒被其奇特的包裝吸引，並開始種植，最後開出了巨大而且充滿皺摺的淡紫色花朵，布袋蘭後來便以凱特利命名，稱

為「*Cattleya labiata*」。隨著這種非凡植物的消息開始傳播，很快便出現一股襲捲英國乃至全歐的狂潮，稱為「蘭花熱」（Orchidelirium）。

19世紀的歐洲人絕對不是第一個開始欣賞蘭花的民族，蘭花屬於中國藝術和園藝「四君子」之一，象徵高潔的人格，孔子稱其為「王者香」，日本的幕府將軍也相當重視蘭花；爪哇將蘭花視為女神遺留在人世間的斗篷；16世紀墨西哥的阿茲特克人會把香莢蘭加進可可飲品中，土耳其人則是將蘭花的根拿來製作據說能夠催情的冰淇淋。

歐洲自身當然也擁有各式蘭花，世界上總共有超過28,000種蘭花，除了南極洲之外都可以發現蘭花的蹤跡。熱帶蘭花也早已出現在紀錄中，其中一種便來自加勒比海的古拉索島（Curaçao），在1698年於荷蘭開花；另一種則是來自巴哈馬群島，在熱愛園藝的倫敦商人彼得・柯林森（參見第224頁）的巧手下，於1725年綻放。

在1760年~1813年間，英國皇家植物園取得了46種熱帶蘭花，但沒有

布袋蘭，取自《蘭花圖鑑》（*The Orchid Album*），羅伯特・華納（Robert Warner）著，1882年。

一種和布袋蘭一樣壯觀，問題出在史文森直接人間蒸發，後來發現他其實是航向紐西蘭，所以沒有人知道要到哪裡尋找這種非凡的蘭花。

植物學家喬治・蓋德納（George Gardner）四處尋覓，兩度確信他終於找到這種植物，後來卻都證實他搞錯了。還要再經過71年，人類才重新發現布袋蘭，而且完全是出於偶然，是由一名為法國收藏家蒐集昆蟲的昆蟲學家發現，因為他知道雇主也會種種蘭花當作休閒，所以也採集了一些他在巴西帕南布哥（Pernambuco）發現的巨大紫蘭花標本。不久之後，一名蘭花商在巴黎看見布袋蘭，眾人因此蜂擁而至帕南布哥。

隨著蘭花熱襲捲全歐，富有的收藏家也派出植物獵人到各大殖民帝國邊陲的叢林中，包括法國、荷蘭、英國等，尋找這種令人魂牽夢縈的植物。詹姆斯・貝特曼便是其中一個無可救藥的蘭花愛好者，他出身史丹福郡（Staffordshire）富有的工業世家，是名知識豐富的植物學家暨業餘科學家，在牛津念書時就成為蘭花的「俘虜」。貝特曼對「新物種橫跨海洋的緩慢速度」非常不耐煩，因此在1833年，資助了一趟前往今蓋亞那附近德瑪拉拉（Demerara）尋找蘭花的探險。1834年11月，植物獵人湯瑪斯・科利（Thomas Colley）平安回國的振奮消息傳開，他帶回了大約60株活體蘭花。

貝特曼受這趟探險的成果激勵，進而和瓜地馬拉的英國商人喬治・烏爾・史金納（George Ure Skinner）達成協議。史金納提供他許多全新的迷人發現，使他著手編纂《墨西哥和瓜

布袋蘭，華特・胡德・費奇繪，
取自《柯蒂斯植物學雜誌》，1843年。

地馬拉的蘭花》（*The Orchidaceae of Mexico and Guatemala*）這本巨著，並於1837年~1843年間出版。這本書重量超過17公斤，含有40張上色的版畫，以實體比例描繪各式蘭花，其中11種為全新發現的物種。

貝特曼寫道：「研究蘭花不僅能裨益越來越多的蘭花愛好者，也能提供消遣……蘭花能夠以美麗吸引愛好者，以珍稀吸引收藏家，並以新奇和非凡的特質吸引科學家。」其中一個科學家便是同為蘭花愛好者的查爾斯・達爾文，他在1859年出版了改變世界的《物種起源》一書，並在其中提出了充滿爭議的「天擇說」，讓虔誠的貝特曼相當失望。

不過貝特曼仍是在1862年，寄給達爾文一批來自馬達加斯加的珍稀蘭花，其中便包括美麗的大彗星風蘭（*Angraecum sesquipedale*），其蜜腺長達30公分。根據達爾文的觀察，只有口器非常狹長的昆蟲才能為其授粉，同時由於蘭花只在夜間散發香氣，他因此推測馬達加斯加必定存在某種口器能夠伸出25公分~28公分的天蛾。

達爾文最早從1839年便開始思索植物和昆蟲的關係，他注意到兩者如何適應彼此，直到如鑰匙和鎖孔般契合，而且都能從這種共同適應中受益——昆蟲可以享有獨佔的花蜜來源，而植物透過「選擇」特定的授粉者，也能確保自己的花粉不會浪費在其他物種上。

如同達爾文在他1862年出版的《論英國和外國蘭花由昆蟲授粉的不同機制及異種交配的益處》（*On The Various Contrivances By Which British and Foreign Orchids are Fertilised By Insects And on the Good Effect of Intercrossing*）中所述，大彗星風蘭便是這種適應關係的最佳例證。這種特色在蘭花上尤其明顯，因為蘭花並不會自行傳播花粉，通常是透過精緻的擬態來吸引特定昆蟲、鳥類、蝙蝠為其授粉，像是某些蜂蘭便會散發雌蜂的氣味，吸引雄蜂試圖和其交配。雄蜂發覺受騙後只能失望地離開，卻會帶走蘭花的花粉，有三分之二的蘭花都擁有這類「假交配」的現象。

然而，始終沒有任何證據顯示，達爾文預測的長口器天蛾真的存在，使得他的反對者群起嘲弄，而且確實，在達爾文的一生中也都沒有發現這種天蛾。但是在1903年時，馬達加斯加發現了一種巨型天蛾，其類似水管的捲曲口器長達30公分，後來命名為「*Xanthopan morgani praedicta*」，「praedicta」即為「預料之中」之意。

2   3

不過這樣就下定論或許有些草率，因為沒有人親眼看過這種天蛾接近蘭花，要一直到達爾文提出假設130年後的1992年，才終於觀察到兩者之間的互動。美國植物學家菲爾·德·費里斯（Phil de Vries）也於2004年拍攝了影片，在YouTube上享有超高的點閱率。

達爾文曾寫道：「在我研究蘭花的過程中，最讓我震撼的便是蘭花授粉機制無窮無盡的變化……也就是花粉到達另一朵花，並透過花粉讓另外一朵花受精。」蘭花提供了鐵錚錚的演化證據，揭示了天擇演變出各式生存機制，只為確保物種繁衍。

這對貝特曼來說卻是個詛咒，他和同時代的大多數人一樣，相信《聖經》的創世傳說，認為多元的物種便是上帝全能計畫的完美體現：「蕨類和被子植物在神聖計畫中首先出現……蘭花的創造則是經過延後，直到能夠被其美麗感動的人類出現。」貝特曼的貴族讀者很顯然是受「蘭花無窮的變化」吸引，包括第六代德文郡公爵，他命令手下的首席園藝設計師約瑟夫·派克斯頓在查茲渥斯莊園大舉興建蘭花溫室。

兩人在1836年還派出資深園丁約翰·吉布森前往印度和緬甸（參見第94頁），吉布森後來帶回了超過百株

蘭花。到了1838年，派克斯頓在查茲渥斯莊園便已擁有83種蘭花，不過後來另外兩名園丁在前往美洲的旅途中不幸溺斃，他們從此便不再派人出國探險。

蘭花獵人這行——非常危險，亞歷山大·馮·洪堡德的旅伴——法國探險家艾米·邦普蘭（參見第258頁）19世紀初就在巴拉圭被關了10年。其他人的下場也不太好，威廉·阿諾德（William Arnold）溺死在奧里諾科河、大衛·鮑曼（David Bowman）因痢疾死於波哥大、德國植物獵人古斯塔夫·瓦立斯（Gustav Wallis）和勤勞的喬治·烏爾·史金納則死於黃熱病，史金納還是不幸死於他預定返回英國的前一天。

1891年以《蘭花獵人的旅行及冒險》（*Travels and Adventures of an Orchid Hunter*）一書成名的艾爾伯特·密立肯（Albert Millican），好不容易在5趟前往安地斯山脈的凶險旅程中存活下來，卻在第6趟遭人刺死，其他人則被射死、燒死或吃掉。

許多不幸事件都是發生在商業溫室資助的探險中，而商業溫室的先驅便是維奇溫室，他們首先派遣威廉·洛布前往美洲，並在1843年派他的弟弟湯瑪斯·洛布前往遠東地區專門尋找蘭花。但是到了19世紀末，幾乎所

大彗星風蘭，奧貝·都·帕帝·圖瓦
（Aubert du Petit Thouars）繪，取自《柯蒂斯植物學雜誌》，1859年。

有熱帶蘭花熱點都充滿植物獵人，他們彼此之間的競爭也越發激烈，可能會拿槍威脅彼此的性命，或是在其他人採集的植物上尿尿，試圖弄死這些植物。

採集行為本身也可能帶來災難性後果，成千上萬的林木遭到砍伐，只為摘取長在樹冠上的珍稀蘭花，植物獵人還會清空一整座森林，帶不走的便就地摧毀，如此就能維持植物的珍稀，並在拍賣時就地起價。1910年時蘭花愛好者甚至會為全新物種支付1,000基尼，但這些植物獵人留下的，卻常常是生態大滅絕。

1878年，《園藝家期刊》（*The Gardener's Chronicle*）宣布將從哥倫比亞進口200萬株蘭花時，當時最有名卻也最殘忍的蘭花業者佛德列克·桑德（Frederick Sander）也宣稱將從新幾內亞進口某種蘭花，數量超過100萬株。桑德前前後後共雇用過將近40名植物獵人，包括因為一隻手是鐵鉤而讓人望而生畏的布拉格獵人班乃迪克·羅澤（Benedict Roezl）以及運氣超背的威廉·米科立茲（Wilhelm Micholitz），他因為太害怕老闆，甚至還準備從骷髏頭的眼窩裡挖出一朵珍稀的蘭花。

人類成功在溫室中種植蘭花後，蘭花便漸漸失去魅力，第一次世界大戰爆發也讓蘭花熱歸於沉寂，不過仍是有執迷不悟的植物獵人願意冒著死亡、斷手斷腳、坐牢的風險，只為擁有他們心中夢寐以求的蘭花，有時候甚至只是為了拍照。1999年，分別來自英美的植物獵人湯姆·哈特·戴克及保羅·溫德不顧所有勸阻，執意穿越巴拿馬和哥倫比亞間的達里恩隘口（Darién Gap）而遭當地的哥倫比亞革命軍（Fuerzas Armadas Revolucionarias de Colombia，FARC）游擊隊俘虜。他們被監禁的9個月裡，身邊都環繞著艷麗的蘭花，看得到卻摸不到。

世界上所有的野生蘭花目前都受《瀕臨絕種野生動植物國際貿易公約》保護，該公約透過管制植物的國際貿易，試圖避免蘭花熱巔峰期的強取豪奪重演。現今合法的蘭花獵人都來自重要的科學研究機構，例如英國皇家植物園，旨在辨識及保育瀕危的蘭花族群。

弔詭的是，禁止採集野外蘭花的禁令，回過頭來也可能會對蘭花的存續造成威脅，四處分享是確保植物生存的關鍵，而為了要保育野外的植物族群，唯一的辦法就是在其他地方也種植。

諷刺的是，我們沒有辦法禁止伐木工或棕櫚農砍伐雨林，但在蘭花絕種前試圖保育，卻是一件違法的事。

鳥喙文心蘭（*Oncidium sotoanum*），當時的學名為「*Oncidium ornithorhynchum*」，莎拉·安·德瑞克（Sarah Anne Drake）繪，取自《墨西哥和瓜地馬拉的蘭花》，詹姆斯·貝特曼著，1837年~1842年。

Pl. 4.

Miss Drake del.

1.

參考資料

Allen, Mea, *Plants That Changed our Gardens,* David & Charles, 1974

Banks, Sir Joseph, *The Endeavour Journal of Sir Joseph Banks, 1768–71,* Project Gutenberg of Australia, 2005

Bailey, Kate, *John Reeves. Pioneering Collector of Chinese Plants and Botanical Art,* ACC Art Books, 2019

Berridge, Vanessa, *The Princess's Garden, Royal Intrigue and the Untold Story of Kew,* Amberley, 2017

Campbell-Culver, Maggie, *The Origin of Plants,* Headline, 2001

Christopher, T., ed., *In the Land of the Blue Poppies, The Collected Gardening Writing of Frank Kingdon Ward,* Modern Library Gardening, 2002

Cox, Kenneth, ed., *Frank Kingdon Ward's Riddle of the Tsangpo Gorges,* Antique Collectors' Club, 2001

Crane, P., *Ginkgo: The Tree that Time Forgot,* Yale University Press, 2015

Desmond, Ray, *The History of the Royal Botanic Gardens, Kew,* Royal Botanic Gardens, Kew, 2007

Desmond, Ray, *Sir Joseph Dalton Hooker, Traveller and Plant Collector,* Antique Collectors' Club, 1999

Douglas, D. (1904). *Sketch of a Journey to the Northwestern Parts of the Continent of North America during the Years 1824-25-26-27. The Quarterly of the Oregon Historical Society, 5*(3), 230-271. Retrieved March 15, 2020, from www.jstor.org/stable/20609621

Edwards, Ambra, *The Story of Gardening,* National Trust, 2018

Elliott, Brent, *Flora. An Illustrated History of the Garden Flower,* Scriptum Editions, 2001

Fisher, John, *The Origins of Garden Plants,* Constable, 1982

Fortune, Robert, *Three Years Wandering in the Northern Provinces of China,* John Murray, 1847

Fry, Carolyn, *The Plant Hunters,* Andre Deutsch, 2009

Fry, Carolyn, *The World of Kew,* BBC Books, 2006

Gooding, Mabberley & Studholme, *Joseph Banks's Florilegium. Botanical Treasures from Cook's First Voyage,* Thames & Hudson, 2019

Harrison, Christina, *The Botanical Adventures of Joseph Banks,* Royal Botanic Gardens, Kew, 2020

Harrison, Christina & Gardiner, Lauren, *Bizarre Botany,* Royal Botanic Gardens, Kew, 2016

Harrison, Christina & Kirkham, Tony, *Remarkable Trees,* Thames & Hudson, 2019

Hobhouse, Penelope, *Plants in Garden History,* Pavilion, 1992

Hobhouse, Penelope & Edwards, Ambra, *The Story of Gardening,* Pavilion, 2019

Holway, Tatiana, *The Flower of Empire,* Oxford University Press, 2013

Hooker, J. D., *Rhododendrons of the Sikkim-Himalaya,* 1849, Royal Botanic Gardens, Kew facsimile, 2017

Horwood, Catherine, *Gardening Women. Their Stories from 1600 to the Present,* Virago, 2010

Hoyles, Martin, *Gardeners Delight. Gardening Books from 1560–1960,* Pluto Press, 1995

Hoyles, Martin, *Bread and Roses. Gardening Books from 1560–1960,* Pluto Press, 1995

Johnson, Hugh, *Trees,* Mitchell Beazley, 2010 edition

Laird, Mark, *The Flowering of the Landscape Garden. English Pleasure Grounds 1720–1800,* University of Pennsylvania Press, 1999

Lancaster, Roy, *My Life in Plants,* Filbert Publishing, 2017

Lyte, Charles, *The Plant Hunters*, Orbis, 1983

Masson, Francis, *An Account of Three Journeys from the Cape Town into the Southern Parts of Africa; Undertaken for the Discovery of New Plants, towards the Improvement of the Royal Botanical Gardens at Kew*, Philosophical Transactions of the Royal Society of London , 1776, Vol. 66 (1776), pp. 268-317

Morgan, Joan & Richards, Alison, *A Paradise out of a Common Field,* Harper & Row, 1990

Mueggler, E., *The Paper Road: Archives and Experiences in the Botanical Exploration of West China and Tibet,* University of California Press, 2011

O'Brian, Patrick, *Joseph Banks, A Life,* Collins Harvill, 1987

Pavord, Anna, *The Naming of Names,* Bloomsbury, 2005

Pavord, Anna, *The Tulip*, Bloomsbury, 1999

Potter, Jennifer, *Seven Flowers*, Atlantic Books, 2013

Primrose, Sandy, *Modern Plant Hunters. Adventures in Pursuit of Extraordinary Plants,* Pimpernel, 2019

Rice, Tony, *Voyages of Discovery. Three Centuries of Natural History Exploration,* Scriptum, 2000

Rinaldi, Bianca Maria (ed.), *Ideas of Chinese Gardens, Western Accounts 1300–1860,* Penn, 2016

Robinson, William, *The English Flower Garden*, Bloomsbury, 1996

Riviere, Peter, ed., *The Guiana Travels of Robert Schomburgk 1835–1844: Volume I: Explorations on Behalf of the Royal Geographical Society 1835–1839*, Hakluyt Society, 2006

Roberts, James, *A Journal of His Majesty's Bark Endeavour Round the World, Lieut. James Cook, Commander, 27th May 1768, 27 May–14 May 1770, with annotations 1771,* Mitchell Library of New South Wales

Schama, Simon, *A History of Britain (3 vols),* BBC, 2001

Spruce, Richard, ed. Wallace, Alfred Russel, *Notes of a botanist on the Amazon & Andes: being records of travel during the years 1849–1864,* Macmillan & Co, 1908

Sox, David, *Quaker Plant Hunters,* Sessions Book Trust, 2004

Taylor, Judith M., *The Global Migrations of Ornamental Plants,* Missouri Botanical Garden Press, 2009

Telstsher, Kate, *A Palace of Palms. Tropical dreams and the making of Kew,* Picador, 2020

von Humboldt, Alexander and Bonpland, Time, *Essay on the Geography of Plants,* 1807, ed. Stephen T. Jackson, translated by Sylivie Romanovski, University of Chicago Press, 2009

Walker, Kim & Nesbitt, Mark, *Just the Tonic. A Natural History of Tonic Water,* Royal Botanic Gardens, Kew, 2019

Watt, Alistair, *Robert Fortune. A Plant Hunter in the Orient*, Royal Botanic Gardens, Kew, 2017

Wilson, E. H., *A Naturalist in Western China with Vasculum, Camera, and Gun. Being Some Account of Eleven Years' Travel, Exploration, and Observation in the More Remote Parts of the Flowery Kingdom* (London: Methuen & Co., 1913), 2 vols.

Wulf, Andrea, *The Brother Gardeners. Botany, Empire and the Birth of an Obsession,* William Heinemann, 2008

Wulf, Andrea, *The Invention of Nature, The Adventures of Alexander von Humboldt,* John Murray, 2015

參考期刊文章

Arnold, David, 'Plant Capitalism and Company Science: The Indian Career of Nathaniel Wallich', *Modern Asian Studies*, Vol. 42, No. 5, Sept 2008

Bailey, Beatrice M. Bodart, 'Kaempfer Restored', *Monumenta Nipponica*, Vol. 43, Sophia University, 1998

Bastin John, 'Sir Stamford Raffles and the Study of Natural History in Penang, Singapore And Indonesia', *Journal of the Malaysian Branch of the Royal Asiatic Society,* Vol. 63, No. 2, 1990

Clarke C., Moran J. A., Chin L., 'Mutualism between Tree Shrews and Pitcher Plants: Perspectives and Avenues for Future Research', *Plant Signal Behaviour*, 2010

Aaron P. Davis, 'Lost and Found: *Coffea stenophylla* and *C. affinis*, the Forgotten Coffee Crop Species of West Africa', *Frontiers in Plant Science*, 19 May 2020

Aaron P. Davis, Helen Chadburn, Justin Moat, Robert O'Sullivan, Serene Hargreaves and Eimear Nic Lughadha, 'High Extinction Risk for Wild Coffee Species and Implications for Coffee Sector Sustainability', *Science Advances* Vol. 5, No. 1, 16 Jan 2019

Dewan, Rachel, 'Bronze Age Flower Power: The Minoan Use and Social Significance of Saffron and Crocus Flowers', University of Toronto, 2015

Fan, Fa-Ti., 'Victorian Naturalists in China: Science and Informal Empire.' *The British Journal for the History of Science*, Vol. 36, No. 1, 2003

Fraser, Joan N., 'Sherriff and Ludlow', *Primroses*, The American Primrose Society, Vol. 66, 2008, pp.5-10

Greenwood M. et al., 'A Unique Resource Mutualism between the Giant Bornean Pitcher Plant, *Nepenthes rajah*, and Members of a Small Mammal Community.' *PLOS ONE*, June 2011

Harvey, Yvette, 'Collecting with Lao Chao [Zhao Chengzhang]: Decolonising the Collecting Trips of George Forrest', *NatSCA blog*, July 2020

Hagglund, Betty, 'The Botanical Writings of Maria Graham', *Journal of Literature and Science*, 2:1, 2011

Lancaster, Roy, 'Mikinori Ogisu and his Plant Introductions', *The Plantsman*, June 2004, pp.79–82.

Mawrey, Gillian, 'From Spices to Roses', *Historic Gardens Review 40,* Winter 1919/20

Milius, Susan, 'The Science of Big, Weird Flowers', *Science News*, Vol. 156, No. 11, 1999

Nelson, E. Charles, 'Augustine Henry and the Exploration of the Chinese Flora', *Arnoldia*, Vol. 43, No. 1 (Winter, 1982-1983), pp. 21-38

Rehder, Alfred, 'Ernest Henry Wilson', *Journal of the Arnold Arboretum*, Vol. 11, No. 4 (October, 1930), pp. 181-192

Rudolph, Richard C., 'Thunberg in Japan and His Flora Japonica in Japanese', *Monumenta Nipponica*, Vol. 29, No. 2, January 1974, pp. 163-179

Saltmarsh, Anna, 'Francis Masson: Collecting Plants for King and Country', Royal Botanic Gardens, Kew, 2003

Thomas, Adrian P., 'The Establishment of Calcutta Botanic Garden: Plant Transfer, Science and the East India Company, 1786-1806', *Journal of the Royal Asiatic Society*, Vol. 16, No. 2, July 2006

圖片來源

除了下方特別列出的圖片外，本書所有照片及插圖皆來自英國皇家植物園的收藏，並在其慷慨應允下重製。

補充圖說

P2：亞馬遜王蓮，當時的學名為「*Victoria Regia*」，華特‧胡德‧費奇繪，取自《柯蒂斯植物學雜誌》，1847年。

P4：亞馬遜王蓮，華特‧胡德‧費奇繪，英國皇家植物園收藏，1851年。

致謝

英國皇家植物園特別致謝

英國皇家植物園出版社（Kew Publishing）要特別感謝以下同仁對內文的回饋：Martin Cheek、Colin Clubbe、Phillip Cribb、Aaron Davis、David Goyder、Ed Ikin、Tony Kirkham、Gwil Lewis、Carlos Magdalena、Mark Nesbitt、Martyn Rix、Tim Utteridge、Richard Wilford。

也要感謝Pei Chu與英國皇家植物園圖書館暨檔案館（Kew's Library, Art and Archives）所有同仁孜孜不倦幫忙研究圖片，以及Paul Little將皇家植物園收藏的圖片數位化。

謝辭

我為寫作本書諮詢的來源非常多，無法在此完整呈現，包括主要從JSTOR獲取的學術文章和期刊，所以我要在此感謝所有此處沒有提及的學者。我也要感謝各種線上資源為我帶來的巨大幫助，包括英國皇家植物園、愛丁堡植物園、牛津植物園、密蘇里植物園、佛羅里達和夏威夷的美國國家熱帶植物園等植物園，倫敦和巴黎的自然史博物館、大英博物館、格林威治的皇家博物館群、萊頓的西博德博物館等博物館，BBC、Dw.com、《衛報》、《每日電訊報》、《紐約時報》、《印度時報》等媒體組織。

大英圖書館和皇家園藝學會也提供了我許多素材，還有大量的部落格和網站也是，包括各種保育組織、聯合國、「The Garden Trusts」不可或缺的部落格、精彩絕倫的plantspeopleplanet.org.au、「Botanical Art and Artists」網站和Cor Kwant的「The Ginkgo Pages」等，感謝大家。我也要特別感謝生物多樣性遺產圖書館（Biodiversity Heritage Library）、古騰堡計畫以及各種類似的線上歷史文獻資源，這是在所有圖書館都因新冠肺炎疫情關閉時，我唯一的依靠。

我也要特別感謝偉大的羅伊·蘭開斯特，包括他在我研究荻巢樹德時給予的協助，以及他慷慨真誠的支持。我還要感謝Christina Harrison和Nigel Maxted教授大方分享他們的研究成果。最後，感謝許多提供我幫助和指導的英國皇家植物園專家，尤其是Martyn Rix。

作者簡介

安博菈・愛德華茲 Ambra Edwards

得獎作家暨花園歷史學家，曾為英國國民信託組織（National Trust）撰寫權威的英國花園歷史《英國花園史》（*The Story of the English Garden*）一書。前作《首席園藝家》（*Head Gardeners*）於2017年由英國園藝媒體協會（Garden Media Guild）評選為「年度最受歡迎書籍」。會帶團參觀英國及歐洲各地歷史悠久的花園，曾獲選英國園藝媒體協會年度記者三次，著作散見於《每日電訊報》、《衛報》及各式權威園藝期刊。

譯者簡介

楊詠翔

師大教育系、台大翻譯碩士學程筆譯組畢。

每天都要聽重金屬音樂，版權新手兼還沒自由的自由譯者。

譯有《怪書研究室》（墨刻）、《矽谷製造的漢堡肉》（商周）、《溫和且堅定的正向教養教師聖經》（遠流）、《地底城市》（遠流，合譯）等書。

譯作賜教：bernie5125@gmail.com

改變世界的
植物採集史

18～20世紀的植物獵人如何踏遍全球角落，
為文明帝國注入新風貌

作者安博菈·愛德華茲 Ambra Edwards
譯者楊詠翔
責任編輯趙思語
封面設計羅婕云
內頁設計李英娟

發行人何飛鵬
PCH集團生活旅遊事業總經理暨社長李淑霞
總編輯汪雨菁
行銷企畫經理呂妙君
行銷企劃專員許立心

出版公司
墨刻出版股份有限公司
地址：台北市104民生東路二段141號9樓
電話：886-2-2500-7008／傳真：886-2-2500-7796
E-mail：mook_service@hmg.com.tw
發行公司
英屬蓋曼群島商家庭傳媒股份有限公司城邦分公司
城邦讀書花園：www.cite.com.tw
劃撥：19863813／戶名：書虫股份有限公司
香港發行城邦（香港）出版集團有限公司
地址：香港灣仔駱克道193號東超商業中心1樓
電話：852-2508-6231／傳真：852-2578-9337
製版·印刷藝樺彩色印刷製版股份有限公司·漾格科技股份有限公司
ISBN978-986-289-691-4 (精裝)·978-986-289-692-1 (PDF)
城邦書號KJ2047　**初版**2022年1月
定價990元
MOOK官網www.mook.com.tw
Facebook粉絲團
MOOK墨刻出版 www.facebook.com/travelmook
版權所有·翻印必究

國家圖書館出版品預行編目資料
改變世界的植物採集史：18-20世紀的植物獵人如何踏遍全球角落,為文明帝國注
入新風貌/安博菈.愛德華茲(Ambra Edwards)作；楊詠翔譯. -- 初版. -- 臺北市：
墨刻出版股份有限公司出版：英屬蓋曼群島商家庭傳媒股份有限公司城邦分公司
發行, 2022.01
304面；19×26公分. -- (SASUGAS；47)
譯自：THE PLANT-HUNTER'S ATLAS
ISBN 978-986-289-691-4(精裝)
1.植物學史 2.植物學
370.9　　　　　　110020682